Discovery
EDUCATION

맛있는 과학

디스커버리 에듀케이션
맛있는 과학-19 열

1판 1쇄 발행 | 2012. 1. 27.
1판 4쇄 발행 | 2018. 3. 11.

발행처 김영사
발행인 고세규
등록번호 제 406-2003-036호
등록일자 1979. 5. 17.
주 소 경기도 파주시 문발로 197(우10881)
전 화 마케팅부 031-955-3102 편집부 031-955-3113~20
팩 스 031-955-3111

값은 표지에 있습니다.
ISBN 978-89-349-5453-8 64400
ISBN 978-89-349-5254-1 (세트)

좋은 독자가 좋은 책을 만듭니다. 김영사는 독자 여러분의 의견에 항상 귀 기울이고 있습니다.
독자의견전화 031-955-3139 | 전자우편 book@gimmyoung.com | 홈페이지 www.gimmyoungjr.com
어린이들의 책놀이터 cafe.naver.com/gimmyoungjr | 드림365 cafe.naver.com/dreem365

어린이제품 안전특별법에 의한 표시사항

제품명 도서 **제조년월일** 2017년 9월 22일 **제조사명** 김영사 **주소** 10881 경기도 파주시 문발로 197
전화번호 031-955-3100 **제조국명** 대한민국 **⚠주의** 책 모서리에 찍히거나 책장에 베이지 않게 조심하세요.

최고의 어린이 과학 콘텐츠

디스커버리 에듀케이션 정식 계약판!

Discovery EDUCATION

맛있는 과학

19 | 열

민주영 지음 | 최승협 그림 | 류지윤 외 감수

주니어김영사

차례

4. 대류, 액체나 기체에서 열의 이동

5. 복사, 빛에 의한 열의 이동

관련 교과

초등 4학년 1학기 4. 모습을 바꾸는 물
초등 4학년 2학기 3. 열 전달과 우리 생활
초등 5학년 2학기 8. 에너지

1. 온도가 변해요

겨울은 다른 계절에 비해 많이 추워요. 그래서 옷을 두껍게 입고 다닙니다. 하지만 너무 추워서 그것만으로 부족하면 손난로를 가지고 다니면서 손을 녹이기도 해요. 손난로는 손을 따뜻하게 하지만 손이 따뜻해진 만큼 손난로의 열기는 없어집니다. 열이 이동하기 때문이에요. 열이 이동한다니 언뜻 이해가 안 되지요? 여기서는 열과 온도에 대해 알아보아요.

열이 움직여요

무언가를 녹이기 위해 열을 가해 본 적이 있나요? 물론 여름에 주머니 속에 넣어둔 초콜릿도 잘 녹지만 우리 주변에 있는 물건 중에서 쉽게 녹일 수 있는 것은 아마 얼음일 거예요. 얼음은 손바닥 위에서 바로 녹기 시작하니까요.

어떤 것이 '녹는다'라는 것은 딱딱했던 고체 물질이 흐르는 성질을 가진 액체 물질로 바뀌는 것을 말합니다. 이때 반드시 '열의 이동'이 필요하지요. 만약 손바닥에서 얼음이 녹았다면 얼음은 손바닥에 있는 열을 빼앗아

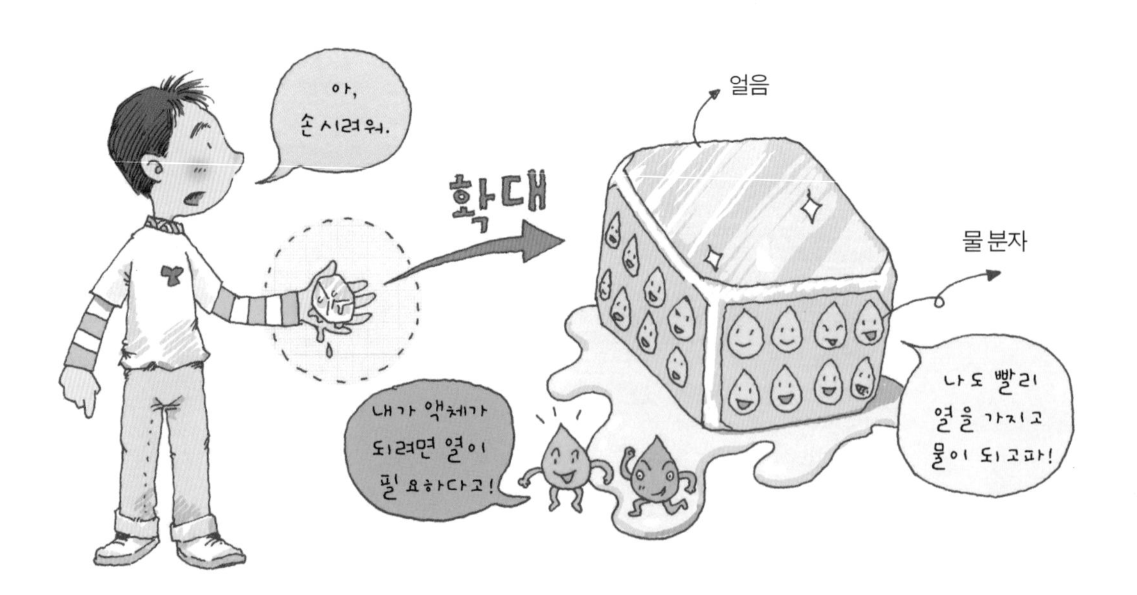

갔을 것입니다. 그래서 얼음이 녹고 난 후에는 손바닥이 차가워지는 것이지요. 하지만 얼음을 손바닥 위에 가만히 놓고 있다고 물이 수증기로 변하지는 않습니다. 우리 손의 열은 얼음을 물로 바꾸기에는 충분하지만 물을 수증기로 만들기에는 부족하거든요. 그래서 물을 수증기로 바꿀 때에는 열을 가해주어야 합니다. 이렇게 열은 물체의 온도를 높이거나 부피를 바꾸고, 얼음이 물이 되는 것처럼 물질의 상태를 변하게 하는 원인이 됩니다.

분자

분자는 어떤 물질이 자기 성질을 잃지 않고 분리될 수 있는 최소의 입자를 말합니다. 물질의 고유한 성질을 가진 가장 작은 조각이라고 할 수 있습니다.

밥을 먹을 때에도 습관적으로 국그릇에 숟가락을 꼽아 놓고 식사하는 사람이 있는데, 이때도 열이 이동하지요. 그래서 국그릇에 담긴 숟가락을 만졌을 때 따뜻함을 느끼기도 합니다.

또 분식집에서 떡볶이나 김밥을 먹을 때 아주머니가 국물을 상 위에 놓고 가시면 아무도 만지지 않았는데 그릇이 저절로 미끄러지는 것을 본 적이 있을 것이에요. 이것은 국의 열이 국그릇 밑바닥으로 이동하기 때문입니다. 만약 국그릇 밑에 물기가 묻어 있으면 국그릇 밑바닥으로 이동한 열이 물 분자의 움직임을 빠르게 만들어 국그릇을 스르륵 미끄러지게 하는 것이지요. 이때는 상 위의 물기를 닦아 없애거나 국그릇 밑에 휴지를 깔아주면 더 이상 미끄러지지 않습니다. 물 분자가 사라졌기 때문에 열을 가해도 움직이지 않는 것이지요.

이처럼 열은 가만히 있지 못하고 계속해서 움직여 다닙니다. 그런데 움직이는 방향은 정해져 있습니다. 여기서 방향이란 보통 말하는 동서남북을 말하는 것이 아니에요. 열은 항상 열이 많은 곳에서 적은 곳으로 이동하는데 그런 방향을 말하는 것입니다. 예를 들어, 삶은 달걀을 끓는 물에서 꺼

내자마자 찬물에 넣어 식히면 찬물이 금방 미지근해집니다. 이것은 열이 삶은 달걀에서 찬물 쪽으로 이동했기 때문이에요.

마찬가지로 여러분이 아프고 이마에 열이 날 때 어머니께서 물수건을 이마 위에 올려주시잖아요. 그때도 이마의 열은 식지만 수건은 따뜻해집니다. 이마의 열이 수건으로 이동했기 때문이에요. 또 생선 가게에 가면 생선을 항상 얼음 위에 올려놓아요. 생선을 냉장고에 넣어만 두고 팔 수 없기 때문에 얼음 위에 올려놓고 상하지 않게 되는 것입니다. 이때 얼음은 생선의 열을 조금씩 흡수해 녹게 되는데, 생선의 열이 얼음으로 이동한 것입니다. 이렇게 열은 항상 뜨거운 쪽에서 차가운 쪽으로 이동합니다.

그런데 열은 언제까지 이동할 수 있을까요? 한쪽에서 다른 한쪽으로 열이 계속 이동한다면 열을 준 쪽은 더 차가워지고, 열을 받은 쪽은 계속 뜨거워질 거예요. 하지만 우리 주변의 열은 그렇게 이동하지 않습니다. 열은 양쪽의 온도가 같아질 때까지만 이동합니다. 어떤 한 물체의 뜨거운 부분과 차가운 부분이 있다면 뜨거운 쪽에서 차가운 쪽으로 열이 이동하는데, 서로 온도가 같아질 때까지만 이동하는 것입니다. 서로 온도가 다른 두 물체가 가까이 있을 때도 온도가 높은 물체에서 낮은 물체로 열이 이동하고 온도가 비슷해질 때까지만 이동을 합니다. 이렇게 온도가 같아지면 더 이상 열이 이동하지 않는데, 이런 상태를 '열적 평형'이라고 합니다. 열적 평형이 일어나면 더 이상 열의 이동은 일어나지 않는 것이지요.

그렇다면 열이 이동했다는 것을 어떻게 하면 알 수 있을까요? 그것은 온도계를 이용하면 간단하답니다. 찬물을 준비하고 온도를 측정해 보세요. 그리고 열을 가한 후 다시 온도를 측정해 보세요. 그러면 '찬물의 온도가

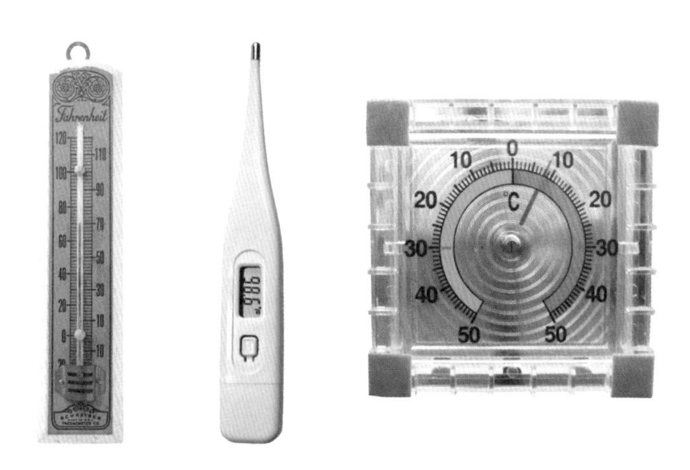

온도계는 용도에 따라 다양한 모양을 가지고 있다.

올라갔다.'는 것을 알 수 있을 것입니다. 찬물로 열이 이동한 것이지요. 이처럼 온도계를 사용하면 정확하고 간단하게 온도를 측정할 수 있고, 열의 이동을 알 수 있습니다.

사람마다 '덥거나 춥다고 느끼는 기온'의 기준이 전부 달라 일기 예보를 할 때 "덥습니다." 또는 "춥습니다."를 전달하는 사람의 기준에 맞추어 말하다 보면 사람들이 어떤 정도의 기온일지 정확히 예측하기가 어렵지요. 하지만 온도계만 있으면 누구나 정확하게 측정할 수 있는 온도로 일기 예보에서 "내일 기온은 ○○도가 될 것입니다."라고 말을 한다면 사람들은 각자 기준에 맞추어 '덥다', '춥다'를 예측할 수 있습니다.

이렇게 온도계를 사용하면 정확한 온도를 측정할 수 있는데 우리의 피부도 정확하지는 않지만 열을 잴 수 있어요. 사람들은 겨울이 되면 손난로를 가지고 다니면서 손을 따뜻하게 하고 여름이 되면 차가운 음료를 손에 들고 다니기도 합니다. 샤워를 할 때에도 물에 손을 넣어 보면 물의 온도가 너무 뜨겁거나 차가운 건 아닌지 알 수 있어요. 적당히 따뜻한 온도의 물에 들어가 있으면 피로가 풀리고 기분이 좋아집니다. 이렇게 우리의 피부가 온도를 느낄 수 있는 것은 무엇 때문일까요? 그것은 바로 피부 감각점인 온점과 냉점이 있기 때문입니다.

온점과 냉점

우리 피부에는 온도를 느끼는 감각점이 있습니다. 따뜻한 온도를 느끼는 감각점을 온점, 차가운 온도를 느끼는 감각점을 냉점이라고 합니다.

온점과 냉점은 온도계처럼 정확한 온도를 측정하지는 못하지만 대략 '뜨겁다', '차갑다'라는 감각은 느낄 수 있습니다. 하지만 이런 감각은 상대적인 것이어서 만약 우리가 몸에 따뜻한 물을 살짝 끼얹고 찬물에 들어가면 그냥 찬물에 들어갈 때보다 훨씬 더 차가움을 느낍니다.

예를 들어 미지근한 물, 따뜻한 물, 차가운 물을 하나씩 준비해 놓고 한 손은 찬물에, 다른 한 손은 따뜻한 물에 넣었다가 동시에 손을 빼서 미지근한 물에 넣어 보세요. 따뜻한 물에 넣었던 손은 그 미지근한 물이 오히려 차갑게 느껴지겠지만 찬물에 넣었던 손은 따뜻하게 느낄 거예요. 분명히 같은 온도인데도 말이지요. 이렇게 우리 피부에 존재하는 온점과 냉점은 '열이 올라갔다' 또는 '내려갔다'를 감지할 수 있지만 정확한 온도는 알 수 없습니다.

열과 온도

물질의 상태를 변하게 하거나 부피를 바뀌게 하는 것이 열이라고 했습니다. 그렇다면 열과 온도는 같은 것일까요? 대부분 '열을 가한다'고 하면 '온도를 올린다'와 같다고 생각하니까요. 하지만 이 둘은 같지 않습니다.

열이 차고 따뜻한 정도를 나타낸 것이라면 온도는 그 차고 따뜻한 정도를 숫자로 표현한 것을 말합니다.

우리가 일반적으로 온도의 개념으로 사용하는 것이 섭씨온도(℃)입니다. 섭씨온도는 1기압(atm)에서 물이 어는 온도를 0도, 물이 끓는 온도를 100℃라 고정해 놓고 그 사이를 100으로 나눈 것을 말해요. 그래서 물의 어는 온도와 끓는 온도 사이에는 온도계의 칸 수를 세어 보면 100개의 칸이 존재하지요.

$$°F = \frac{9}{5} \times °C + 32$$

$$°C = \frac{5}{9} \times (°F - 32)$$

화씨온도를 섭씨온도로, 섭씨온도를 화씨온도로 바꾸는 방법(괄호 안을 먼저 계산해야 한다).

과학 교과서나 과학에 관련된 책을 읽다 보면 '상온'이라는 말이 자주 나옵니다. 상온이란 평균적인 공기의 온도를 말하고, 약 15℃로 정해져 있습니다. 이 온도는 다른 나라에서도 달라질 수 있지요. 항상 더운 나라나 추운 나라의 공기의 온도가 평균적으로 15℃ 정도는 아닐 테니까요.

우리나라의 경우에 섭씨온도를 많이 쓰지만 미국이나 영국은 화씨온도(°F)를 씁니다. 화씨온도는 파렌하이트란 독일인 과학자가 정한 것인데, 그 당시 가장 낮은 온도라고 알려져 있던 소금과 눈을 섞었을 때의 온도(약 영하 18℃)와 사람의 체온(37℃)을 96등분해서 나타낸 것이라고 합니다. 지금은 물의 어는 온도 32°F(0℃)와 물이 끓는 온도 212°F(100℃)를 180등분하여 사용하고 있습니다. 따라서 0°F이면, -17℃ 정도가 되어 사람에게 굉장히 춥고, 100°F이면 37℃ 정도가 되기 때문에 굉장히 더운 날씨가 되는 것이지요.

이렇게 나라마다 사용하는 온도의 기준이 다르다 보니 과학에서의 원리

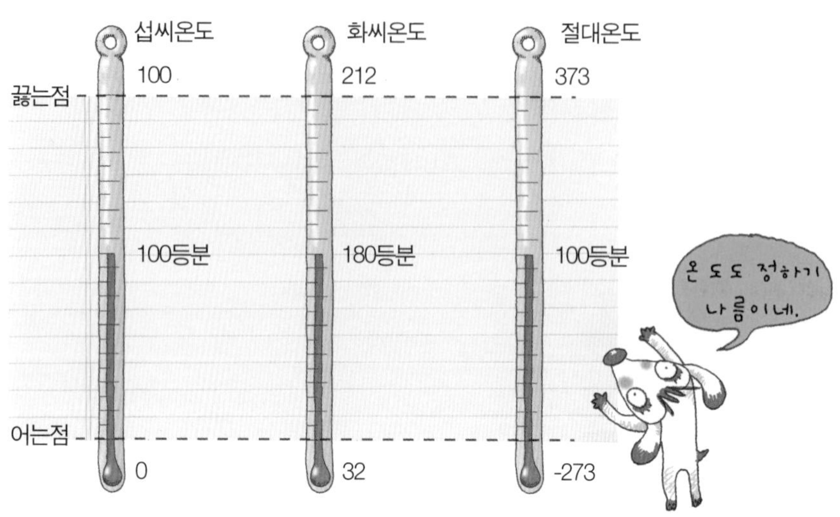

섭씨온도를 기준으로 화씨온도와 절대온도를 비교해 보자.

윌리엄 켈빈
William Kelvin,1824~1907

영국의 물리학자이자 수학자입니다. 열역학 분야에서 많은 공헌을 했는데, 특히 절대온도 개념을 정립한 것으로 유명합니다.

자크 샤를
Jacques Charles, 1746~1823

프랑스의 물리학자로, 특히 기체 연구에서 많은 업적을 이루었습니다. 기체는 일정한 압력에서 온도가 올라가면 부피가 증가하고, 온도가 내려가면 부피가 감소하는데 이러한 법칙을 샤를이 밝혀냈다고 해서 샤를의 법칙이라고 합니다.

가 좀 복잡할 수 있겠지요. 예를 들면, 온도가 변하면 부피도 같이 변하는데 '온도가 1℃ 변할 때마다 부피가 얼마씩 늘어난다'는 원리를 나라마다 다르게 표현한다면 어느 나라 사람이 썼는지에 따라 내용이 달라질 수 있으니까요. 그래서 과학에서는 '절대온도(K)'를 사용합니다. 절대온도는 켈빈이라는 사람이 만든 것이어서 '켈빈온도'라고도 하지요.

절대온도는 자연에서 존재할 수 없는 가장 낮은 온도인 영하 273℃를 기준으로 정했습니다. 왜 하필 영하 273℃일까요? 절대온도는 기체를 기준으로 온도를 정했기 때문이에요. 기체는 온도가 올라가면 부피가 커지고 다시 온도가 낮아지면 부피가 줄어드는 신기한 힘을 가졌습니다. 그 원리는 프랑스의 과학자 샤를이 계산해 냈지요.

$$K = {}^{\circ}C + 273$$

$$^{\circ}C = K - 273$$

켈빈온도를 섭씨온도로, 섭씨온도를 켈빈온도로 바꾸는 방법.

샤를이 만들어 낸 계산법으로 계산하면, 온도를 계속 낮춰 영하 273℃가 되었을 때 기체의 부피는 0이 되어야 합니다. 그런데 실제로 부피가 0이 될 수 없어요. 분자 알갱이가 전부 사라질 수는 없으니까요. 다만 계산적으로 부피가 0이 되는 온도인 영하 273℃를 0으로 정하고 거기서부터 온도를 1, 2, 3…… 이런 식으로 측정하는 것입니다. 기준을 0℃가 아닌 영하 273℃로 정했다는 것을 제외하고는 절대온도의 눈금은 섭씨온도와 같습니다. 그래서 섭씨온도를 절대온도로 바꿀 때에는 현재 온도에 273을 더해 주면 됩니다. 절대온도의 단위를 섭씨온도로 간단하게 바꿀 수 있다고 해서 섭씨온도의 단위를 그대로 쓰면 안 돼요. 섭씨온도의 단위는 도씨(°C)라고 부르지만, 절대온도의 단위는 케이(K)라고 읽어야 합니다.

낮은 온도를 측정하는 데 사용하는 알코올 온도계.

열의 뜨겁고 차가운 정도를 숫자로 표현하는 것을 온도라고 한다면, 그 온도를 측정하는 도구를 온도계라고 합니다. 우리가 흔히 쓰는 온도계는 알코올 온도계와 수은 온도계가 있습니다. 알코올은 어는 온도가 영하 110~120℃ 정도이며 끓는

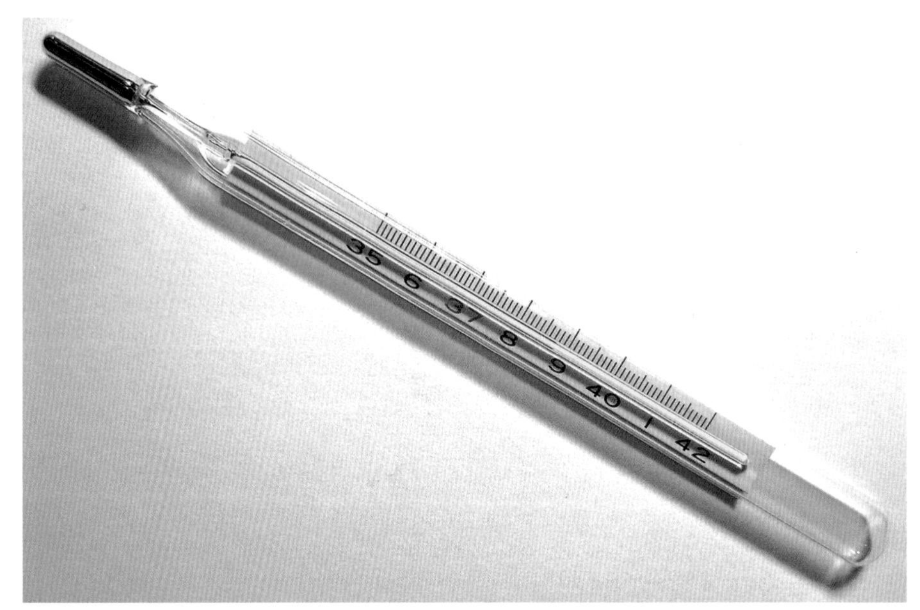

높은 온도를 측정하는 데 사용하는 수은 온도계. ⓒ Jessica Mullen(jessica.mullen@flickr.com)

온도는 대략 80℃ 정도라서 아주 낮은 온도를 측정하는 데는 알코올 온도계를 사용해요. 수은의 경우 어는 온도가 영하 38.87℃, 끓는 온도가 356.58℃이므로 높은 온도를 측정할 때 주로 수은 온도계를 사용합니다. 그래서 계절에 따라서 또는 측정하려고 하는 온도의 범위나 용도에 따라서 각각 다른 온도계를 사용하지요. 하지만 우리의 체온을 잴 때는 사람의 체온이 두 온도계의 범위 안에 있기 때문에 두 온도계 다 사용이 가능합니다.

우리가 일반적으로 많이 쓰는 온도계의 종류는 체온계지요. 몸에 열이 나거나 아플 때 주로 사용하는데, 입에 물거나 겨드랑이에 끼워서 사용하는 경우가 대부분이에요. 요즘은 디지털 온도계가 있어 귀에 넣고 온도 측정 스위치를 한 번 누르면 체온이 측정되기도 하지만 디지털 온도계가 나오기 전에는 일반 온도계와 비슷한 모양으로 생긴 체온계를 이용해서 몸의 온도를 측정했습니다.

그런데 예전 체온계는 왜 하필 입이나 겨드랑이에 끼워서 체온을 측정할까요? 손에 쥐고 있으면 더 쉽게 측정이 가능한데 말이죠. 그 이유는 외부 온도 때문입니다. 사람이 활동을 하면 몸에 열이 나고, 또 외부의 온도에 따라 우리 몸의 온도가 달라지기 때문에 외부에 노출이 되어 있는 얼굴이라든가 손과 발은 정확한 체온을 측정하기가 어려워요. 겨울에 유난히 손과 발이 차가운 사람이나 여름에 유난히 몸이 뜨거운 사람들은 금방 알 수 있을 것입니다.

그렇다면 온도를 잴 수 있는 가장 좋은 곳은 어디일까요? 바로 항문입니다. 항문은 바깥 공기가 절대 들어갈 일이 없기 때문에 가장 정확한 온도를 측정할 수 있겠죠. 하지만 온도를 잴 때마다 바지를 벗기가 번거롭기도 하

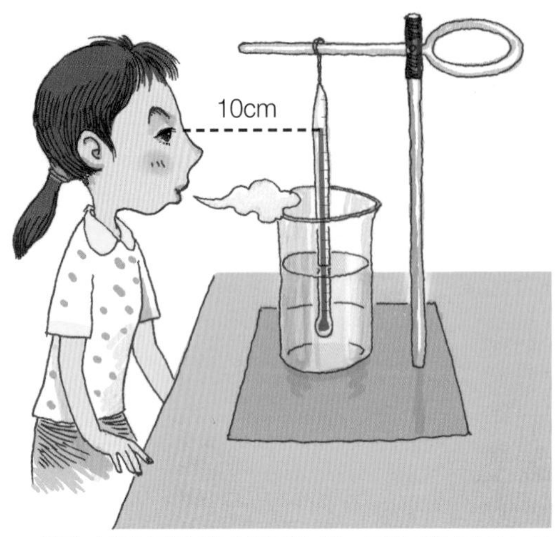

입김이 온도계에 닿지 않도록 10㎝ 정도 떨어져서 눈금을 읽어야 한다.

고, 청결하지 않을 수도 있겠죠? 그래서 비교적 외부 공기가 덜 들어가는 입이나 겨드랑이에서 체온을 측정하는 것입니다.

그렇다면 물과 같은 액체는 어떻게 측정할까요? 온도를 측정하기 위해서 실험실에서 주로 사용하는 빨간색 액체가 들어간 온도계를 사용해 볼까요? 그 빨간색 액체의 정체는 알코올일 경우가 많습니다. 학교나 학원에서 실험해 본 학생이라면 이런 질문을 할 수도 있어요.

"알코올은 물처럼 투명한데 왜 빨간색이지요?"

만약 온도계를 물처럼 투명한 액체로 만든다면 눈금을 읽기가 어려울 것입니다. 그래서 이런 액체에 색소를 넣어 눈에 잘 띄는 빨간색 기둥을 만든 것이지요.

그리고 온도계를 유심히 보면 맨 아래 수은이나 알코올이 모여 있는 부분이 있어요. 이 부분을 '구부'라고 부릅니다. 액체의 온도를 잴 때에는 액체를 적당한 그릇에 담고, 이 구부를 액체에 완전히 잠기게 하여 눈금을 읽어야 합니다. 또 비커와 같은 곳에 액체가 담겨 있는 경우라면 이 구부가 비커 바닥에 닿지 않도록 주의해야 하지요. 만약 바닥에 닿으면 비커의 온도 때문에 정확한 액체의 온도를 측정할 수 없기 때문이에요.

온도계의 눈금을 읽을 때에는 온도계의 눈금과 눈이 수평이 되도록 해야 합니다. 만약 눈이 수평을 맞추지 못하면 눈금을 볼 때 오차가 생길 수 있기 때문이에요. 컵에 물을 담아서 볼 때 위에서 내려다보면 물의 양이 적어 보이고 아래서 보면 물의 양이 많아 보이는 것과 같은 원리입니다. 또 온도계의 눈금을 읽을 때는 10cm정도 떨어져서 읽어야 합니다. 말을 하면 입에서 입김이 나오는데, 입김을 손에 불어 보세요. 따뜻하죠? 이렇게 입김이 온도계에 닿아 온도를 재는 데 영향을 미칠 수 있기 때문에 적당히 떨어진 위치에서 온도를 측정해야 해요.

간이 온도계 만들기

온도계는 알코올이나 수은이 열을 받으면 팽창하는 성질을 이용한 것이에요. 더운물에 온도계를 넣으면 실온에 있을 때보다 알코올이나 수은의 부피가 커져서 눈금이 올라가게 되지요. 이 원리를 이용하면 집에서도 간단히 온도계를 만들 수 있습니다.

빈 요구르트 병에 물을 넣고 빨대를 세워 두어요. 눈금을 잘 보이게 하려면 물감을 조금 섞어 주면 더 좋아요. 그리고 빨대 주위를 고무찰흙으로 잘 둘러 막고 냄비에 담으면 완성! 냄비에 물을 조금 넣고 가열해 보세요. 빨대를 따라 물이 조금씩 위로 올라오는 게 보일 것입니다. 빨대 뒤에는 눈금을 표시한 종이를 붙여두면 물이 올라가고 내려가는 것을 확실히 관찰할 수 있습니다.

❶ 붉은 물감을 요구르트 병에 넣고 고무찰흙으로 입구 막기

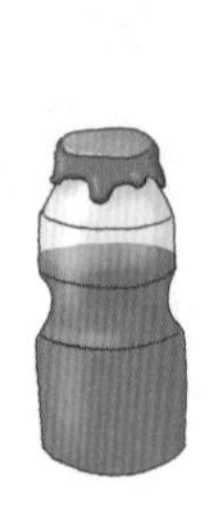

❷ 눈금을 표시한 종이를 끼운 빨대 꽂기

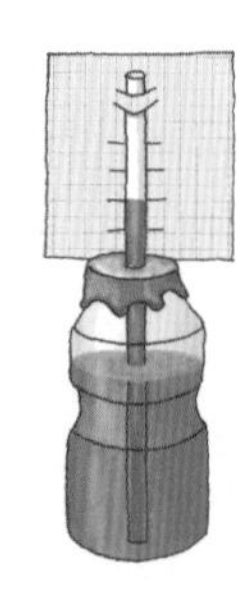

❸ 눈금 표시

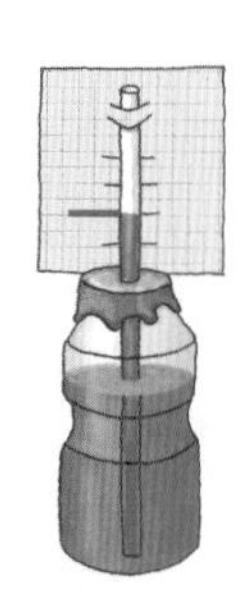

❹ 냄비에 넣고 물 채우기

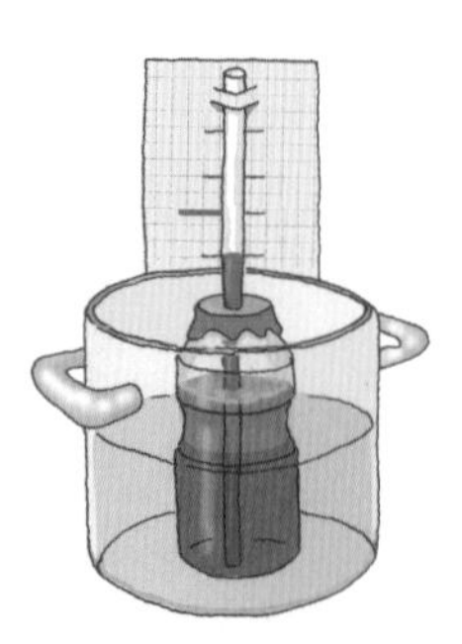

❺ 냄비를 가열해 물 끓이기

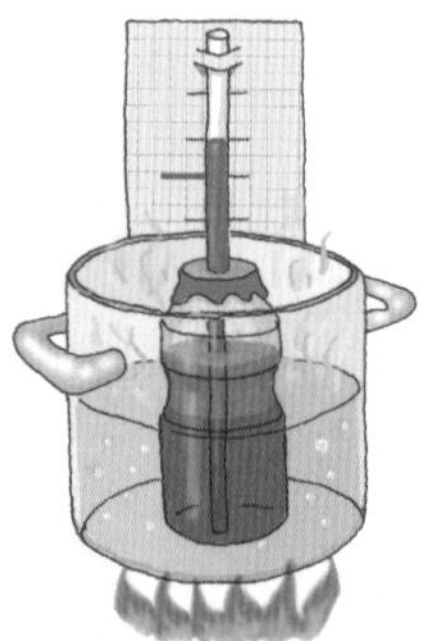

생활 속의 열 이용

일상생활에서 열은 여러 가지 용도로 사용됩니다. 주로 전기 제품을 통해 열을 접하는 경우가 많습니다. 열을 이용한 전기 제품으로 가장 널리 쓰이는 것은 다리미이지요. 구겨져 있는 옷감을 무거운 것으로 누르고 더운 열을 가하면 말끔히 펴지는 것을 보았을 것이에요. 옛날에는 다리미가 엄청 무거웠습니다. 높은 압력을 주기 위해서였지요. 높은 압력을 주면 더 잘 펴지거든요. 하지만 요즘은 기술이 좋아져서 가벼우면서도 잘 다려지는 다리미가 많이 쓰입니다. 뿐만 아니라 누르지 않고 서서 다리는 스팀다리미도 있

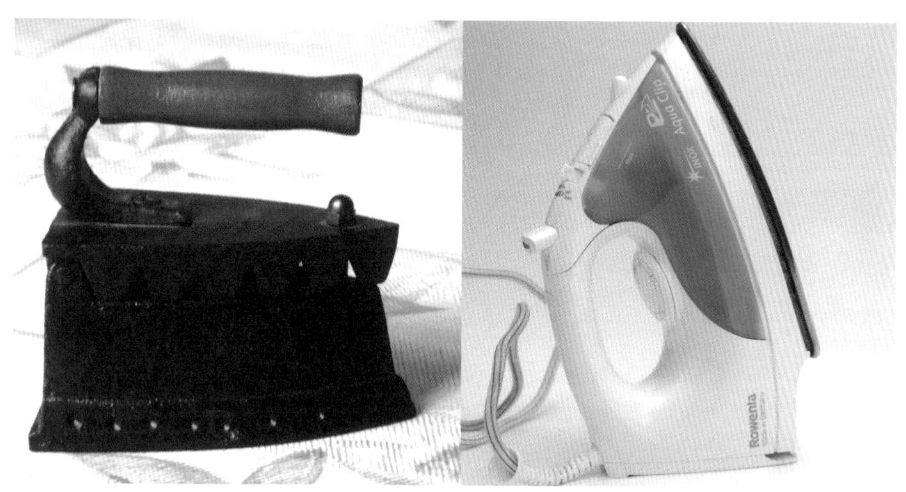

무거운 옛날 다리미(좌)와 전기를 이용한 요즘 다리미(우).

습니다. 압력을 주지는 않지만 수분과 높은 열로 구겨짐을 펴는 것이지요.

전기밥솥도 마찬가지입니다. 요즘도 가스레인지와 압력솥을 이용해 밥을 짓는 가정이 있지만 보통은 전기밥솥을 많이 이용합니다. 전기밥솥은 전기로 높은 열을 내어 물을 끓여 밥을 짓고, 다된 밥은 식지 않도록 항상 같은 온도를 유지시켜 줍니다. 압력솥은 내부의 압력이 엄청나게 높아요. 공기가 누르고 있는 압력을 기압이라 부르는데 보통 우리 주변의 기압은 1atm 정도입니다. 압력솥은 솥 내부의 압력을 1atm보다 훨씬 높게 만들어서 섭씨 100℃보다 더 높은 온도에서 물이 끓게 만들어 줍니다. 압력과 끓는 온도가 무슨 관계가 있냐고요?

그 원리는 간단해요. 그 원리를 이해하려면 일단 물이 끓는 원리부터 알아야겠지요. 물이 끓는다는 것은 액체인 물 분자가 기체인 수증기 분자로 바뀐다는 것을 말해요. 그러려면 물 분자 사이의 잡아당기는 힘인 인력이 끊어져야 하는데 압력이 높으면 분자 사이의 인력이 쉽게 끊어지지 않습니다. 그럴 때는 더 높은 온도를 만들어 주어야만 물이 수증기로 바뀔 수 있어요. 그래서 압력이 높으면 끓는 온도도 높아지는 것입니다. 이렇게 높은 온도에서 물이 끓으면 쌀이 짧은 시간 동안 익을 수 있어서 밥맛이 좋아져요.

바이메탈

주로 서로 다른 두 개의 얇은 금속판을 붙여 만드는데 전기 제품의 온도 조절 장치로 많이 쓰이고, 화재 경보기나 온도계로도 쓰입니다.

드라이어나 전기장판도 열을 이용한 제품인데, 이 제품들은 모두 항상 일정한 온도를 유지할 수 있는 장점이 있습니다. 이렇게 온도를 일정하게 유지하기 위해서는 바이메탈이 사용됩니다. 바이메탈을 사용하면 알아서 온도를 조절해 주지요. 전기장판과 같은 경우, 온도를 유지시키기 위해 계속 열을 가하면 과열되어 불이 나는 경우도 있어요. 그런데 바이메탈이 설정한 온도를 넘으면 전기를 차단해 주기 때문에 일정한 온도를 유지할 수 있어서 과열되는 것을 막을 수 있습니다.

드라이어도 마찬가지예요. 혹시 드라이어로 머리를 말리다가 드라이어 내부를 들여다본 적이 있나요? 철사 같은 것이 아주 많이 꼬여 있는데, 드라이어를 작동시키면 이 금속선이 빨갛게 가열되지요. 이곳이 바로 드라이어가 따뜻한 바람을 낼 수 있게 만들어 주는

드라이어가 따뜻한 바람을 낼 수 있게 만들어 주는 저항. ⓒ Kelly Cookson(mscaprikell@flickr.com)

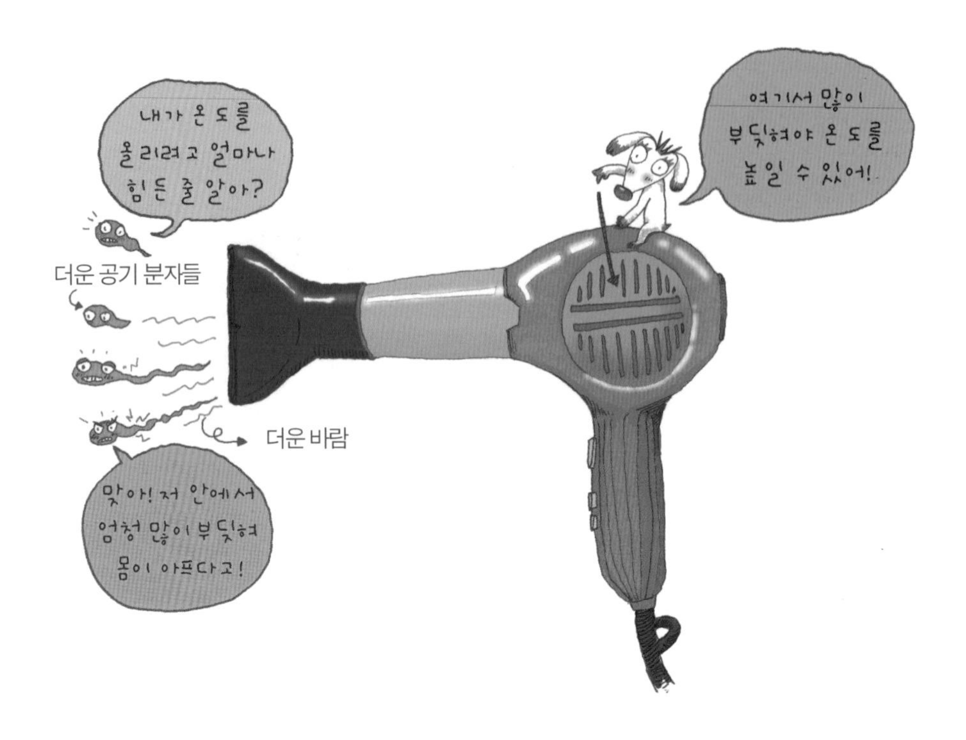

'저항'이라는 곳입니다.

저항은 열의 이동을 방해하는 곳인데, 열의 이동을 방해하면 열이 어떻게 이동할까요? 열을 빨리빨리 이동시켜 버리면 전기 제품은 열을 낼 수가 없습니다. 열의 흐름을 방해한다고 해서 전기나 열이 잘 흐르는 물체, 즉 양도체인 금속이 열의 전도를 못하는 것은 아닙니다. 천천히 열이 흐르면서 열을 충분히 내도록 만들어 준 것이 저항입니다.

이 저항은 열을 내는 전기 제품에는 거의 다 들어 있습니다. 하지만 다리미나 밥솥의 경우는 안쪽으로 들어가 있어 눈으로 관찰하기가 불가능합니다. 이 저항을 더 잘 볼 수 있는 것이 토스터입니다. 요즘은 토스터의 디자인이 많이 변해서 안 보일 수도 있지만, 예전에 쓰던 토스터에서 식빵을 꽂는 곳을 잘 들여다보면 드라이기보다 더 많은 양의 저항이 있어 벌겋게 달아올라 있는 것을 눈으로 확인할 수 있어요. 이 원리를 이용한 것이 '세라믹 히터'입니다. 전기선을 꼽으면 빨갛게 달아오른 저항을 통해 우리가 따뜻해질 수 있는 난로가 바로 이것입니다.

뜨거운 것만 열을 이용하는 것이라고 생각하기 쉬운데, 온도를 차갑게 유지시켜 음식물을 상하지 않고 신선하게 보관해 주는 냉장고도 열을 이용한 것입니다. 냉장고는 차가운 온도를 유지하기 위해 내부로 뜨거운 공기가 들어오면 바깥으로 내보내야 합니다. 때문에 밖으로는 많은 열이 나온다는 사실을 알고 있나요? 냉장고의 뒤쪽에 복잡하게 생긴 금속관이 있는데, 이곳에서 뜨거운 열을 밖으로 내보냅니다.

냉장고에는 냉매라는 것이 있어요. 냉매는 냉장고 안과 밖을 돌아다니면서 냉장고 안쪽의 뜨거운 열을 바깥으로 방출하는 역할을 합니다. 만약에 더운 여름날 집이 너무 더운데 선풍기도 없고 에어컨도 없으면 냉장고에 들어가고 싶은 생각이 들 때가 있지요? 냉장고 문을 활짝 열어 놓으면 음식은 상하겠지만 시원해지지 않을까 하는 생각이 들기도 합니다. 그런

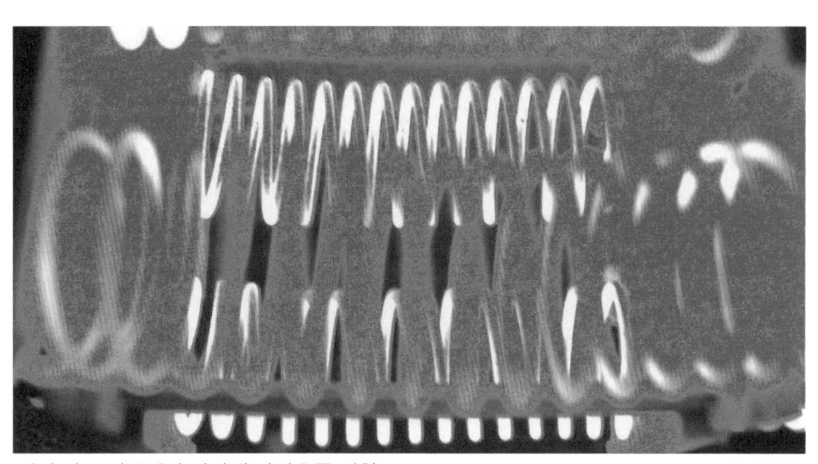

전기 난로 내부에서 빨갛게 달아오른 저항.

데 냉장고 문을 활짝 열어 둔다고 과연 방 안이 시원해질까요?

그렇지 않습니다. 냉장고는 냉매가 돌아다니면서 열을 이동시킨다고 했는데, 냉장고 안쪽의 더운 열기를 없애려고 냉매는 열심히 돌아다닐 것이고, 그러면 뒤쪽으로 더 많은 열기를 내뿜게 되겠지요. 이러면 방 안은 더 뜨거워질 거예요.

뜨거운 열을 밖으로 내보내는 에어컨 실외기. ⓒ solomon203@the Wikimedia commons

이런 원리는 에어컨도 마찬가지입니다. 방 안의 더운 공기를 시원하게 해 주면서 밖으로 더운 열을 버리는 것이지요. 냉장고는 냉매의 열기를 빼 주는 부분이 냉장고 뒷면에 붙어 있지만 에어컨은 '실외기'라고 해서 바깥에 장치합니다. 그래서 에어컨의 실외기가 있는 곳을 지나가게 되면 뜨거운 열기를 엄청 느낄 수 있지요.

엄마가 너무나 좋아하는 커피를 통해서도 열의 이동을 살펴볼 수 있습니다. 따뜻한 커피를 좋아하는 엄마는 매일 커피를 마셔요. 그런데 엄마는 뜨거운 물을 끓여 컵에 부어 놓았다가 아깝게 그 물을 그냥 버리세요. 왜 그러시느냐고 물어보니 커피잔을 데우기 위해서라고 하세요. 엄마는 그렇게 따뜻하게 데운 잔에 다시 커피를 부어 드시지요. 매번 물을 아껴 써야 한다

며 잔소리를 하시면서 말이에요.

뜨거운 물로 커피잔을 데우지 않고 뜨거운 커피를 커피잔에 바로 부으면 어떻게 될까요? 컵이 충분히 데워지지 않은 상태여서 커피의 열이 컵을 데우는 데 쓰입니다. 그래서 뜨거운 커피를 부어도 커피가 금방 미지근하게 식어 버려요. 그렇기 때문에 따뜻한 커피를 오래 마실 수가 없습니다. 음식을 오랫동안 따뜻하게 먹으려고 뚝배기에 찌개를 끓이는 것과 마찬가지로 따뜻한 커피를 오래 마시기 위해서는 컵이 충분히 따뜻해야 합니다. 그래야만 컵에 따뜻한 커피의 열을 빼앗기지 않아요. 또 한 가지! 아무것도 넣지 않은 커피는 너무 쓰기 때문에 설탕이나 우유를 섞어 마시기도 합니다. 따뜻하고 맛있는 커피를 마시려면 우유를 섞을 때도 따뜻하게 데운 우유를 사용해야 합니다. 커피가 우유에 열을 빼앗기면 안 되니까요.

겨울이 되면 바깥 날씨가 너무 춥지요? 그럴 때는 입김을 불면서 손을 마주 비비는데, 그러면 손이 좀 따뜻해집니다. 손을 비비면 따뜻해지는 이유는 바로 마찰에 의해 열이 발생하기 때문입니다. 마찰이란 서로 비비고 있는 접촉면에서 상대의 움직임을 방해하려는 방향으로 힘이 작용하는 것으로, 그때의 힘을 마찰력이라고 합니다. 마찰이 생기면 접촉하고 있는 두 물체 사이에 열이 발생하는데, 이것을 마찰열이라고 하지요.

자동차를 타고 가다 보면 도로에 타이어 자국이 생긴 것을 가끔 볼 수 있습니다. 이것은 자동차가 어떤 사물을 보고 급하게 멈추려고 했을 때 바닥과 바퀴 사이에 마찰이 생겨 난 자국이에요. 마찰에 의해 발생하는 열이 크기 때문에 타이어가 살짝 녹아 자국이 생기는 것이지요.

옛날 사람들은 이 마찰열을 이용해 불을 피웠는데, 나무와 나무를 마주 비벼서 불을 일으켰습니다. 책이

마찰

접촉한 상태의 두 물체가 운동을 하려 하거나 운동할 때 접촉면에서 운동을 방해하는 힘이 발생하는데 이를 마찰력이라고 합니다. 그리고 이때 발생하는 열을 마찰열이라고 부릅니다.

도로에 난 타이어 자국.
ⓒ Kamoteus(A Beter Way)@flickr.com

나 영화에서 원시인들이 나무를 비벼 불을 피우는 모습을 본 적 있나요? 이와 같은 원리로 가끔 산불이 나기도 합니다. 여름에는 습기 때문에 괜찮지만, 건조한 가을, 겨울에는 바람에 의해 나뭇가지들이 서로 부딪쳐 마찰을 일으키게 되지요. 마찰이 많이 일어나면 발생하는 열도 커지고, 그렇게 높은 열이 생기면 불이 나는 겁니다. 이 불이 퍼져 산불이 되기도 합니다. 누군가가 불을 내지 않아도 마찰에 의해 저절로 불이 날 수 있지요.

만약 지구에 어떤 운석이 떨어진다면 어떻게 될까요? 대부분의 운석은 지구에 떨어질 때 대기권과의 마찰에 의해 불타 없어져 지표면까지 떨어지는 일은 거의 일어나지 않아요. 이때 나타나는 것이 유성, 즉 별똥별입니다. 그런데 만약 진짜로 거대한 운석이 떨어진다면 어떻게 될까요? 아마 지구에 대부분의 생명체가 살아남기가 어려울 것입니다. 운석과 지구가 부딪치면 아주 많은 열이 생겨 생명체가 살아가기 어려울 테니까요.

냉장고의 원리

액체에 열을 가하며 기체가 되고, 기체가 열을 빼앗기면 액체가 되는 것을 알고 있지요? 그런데 반대로 강제로 액체를 기체로, 혹은 기체를 액체로 상태를 변화시킨다면 어떻게 될까요? 액체가 기체로 변할 때는 열을 흡수하고, 기체가 액체로 변할 때는 열을 내어놓게 됩니다. 냉장고는 이런 원리를 이용합니다. 냉장고 내부에서는 액체 상태인 냉매를 기체로 만들어 열을 흡수하게 하고, 외부에서는 기체 상태인 냉매를 액체로 만들어 열을 내어놓게 하는 것입니다.

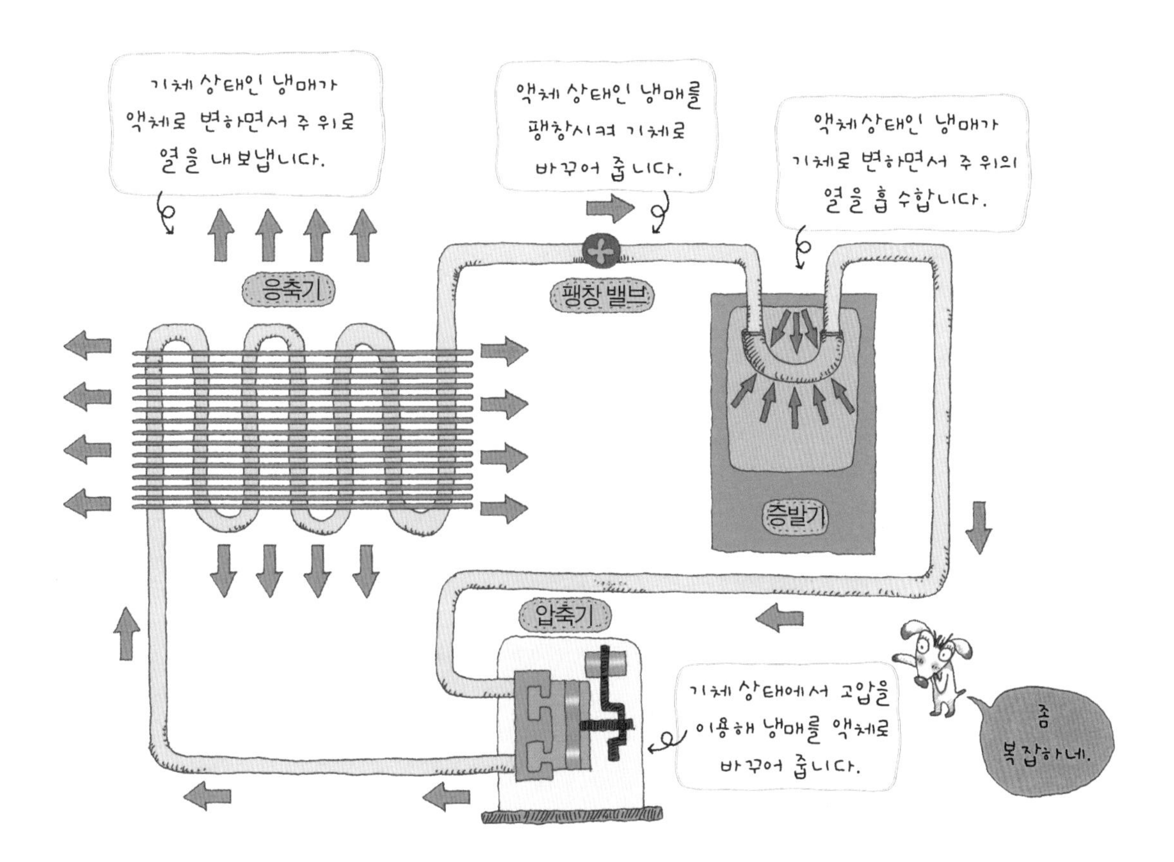

문제 1 열이 이동한다는 말은 어떤 뜻일까요? 그리고 열이 이동한다면 어떤 방향으로 어떻게 이동할까요?

문제 2 온도에는 섭씨온도, 화씨온도, 그리고 절대온도라는 것이 있습니다. 각각의 온도는 어떤 차이가 있고, 어떤 기준으로 정해질까요?

3. 아무도 불을 지르지 않은 산에 불이 나는 것은 마찰 때문이에요. 건조한 가을이나 겨울, 바람이 많이 불면 나뭇가지끼리 부딪혀 발생한 마찰열 때문에 산불이 날 수 있습니다. 마찰이란 어떤 물체가 다른 물체와 접촉하여 운동할 때 접촉면에서 운동을 방해하는 힘이 발생하는 것을 말해요. 그리고 이때 발생하는 열을 마찰열이라고 합니다. 양손을 맞대고 비비면 손에서 열이 나지요? 이것이 마찰열입니다.

문제 3 아무도 불을 지르지 않았는데, 산불이 나는 경우가 있습니다. 왜 그런 걸까요?

정답

1. 손에 얼음을 쥐고 있으면 손이 시리고 얼음이 녹습니다. 이것은 손에 있던 열이 얼음으로 이동했기 때문이에요. 이처럼 우리 눈에 보이지 않지만, 열도 이동을 합니다. 그런데 열은 항상 열이 많은 곳에서 적은 곳으로 이동해요. 그리고 양쪽의 온도가 같아지면, 즉 열적 평형을 이루면 이동을 멈추게 됩니다.

2. 우리나라에서 많이 쓰는 섭씨온도는 물의 어는점을 0℃로 하고 물의 끓는점을 100℃로 하여 만든 온도입니다. 화씨온도는 섭씨온도를 기준으로 한다면 약 영하 18℃와 사람의 체온인 37℃ 사이를 96등분으로 나누어 만든 온도예요. 절대온도는 온도를 계속 내렸을 때 이론적으로 기체의 부피가 0이 되는 시점인 섭씨 영하 273℃를 0℃로 하고, 1℃의 단계는 섭씨온도와 같게 한 온도입니다.

관련 교과

초등 4학년 2학기 3. 열 전달과 우리 생활
중학교 1학년 2. 분자의 운동
중학교 2학년 1. 열에너지

2. 열에 의한 부피 변화

우리 주위에는 온도계처럼 열에 의해 부피가 변하는 경우가 많아요. 병에 들어 있는 음료수 병을 가만히 보세요. 가득 채워져 있지 않고 약간 비어 있지요? 음료수 병에 음료수를 가득 채우게 되면 더운 여름에 액체인 음료수가 열을 받아 부피가 커져 터질 수도 있고 냉장고에 얼릴 때도 부피가 커져 터질 수도 있어요. 어떻게 하면 물을 터지지 않게 잘 얼릴 수 있을까요? 이번 장에서는 열과 부피에 대해 알아보아요.

열에 의한 고체의 부피 변화

철로의 이음매는 열에 의해 늘어날 것을 생각해서 틈을 만든다.

지하철 선로를 보면 이음매가 약간 벌어져 있어요. 이것은 여름철 뜨거운 태양빛으로 인해 늘어날 것을 생각해서 틈을 만들어 놓은 것이에요. 만약 그렇지 않고 딱 맞게 설계를 한다면 뜨거운 열에 의해 철로가 휘어져 큰 사고가 날 수도 있기 때문이지요.

요즘 신도시에서는 전봇대를 볼 수가 없습니다. 그런데 옛날에는 전기를 공급하는 전깃줄이 전봇대에 매달려 길게 늘어져 있었어요. 여기에는 아주 높은 전압의 전류가 흐르기 때문에 잘못해서 연이나 풍선을 들고 있다가 전깃줄에 닿으면 감전이 되어 생명이 위험할 수도 있습니다. "연이나 풍선이 고압 전선에 닿는다고 해서 바로 사람에게 감전을 일으키나요? 그것들은 부도체잖아요."라고 말할 수 있지만 2만5,000V라는 높은 전압에서는 제 아무리 저항이 큰 부도체라도 전기가 흐를 수밖에

이음매

인접한 두 물체를 연결할 때, 그 잇는 자리를 이음매라고 합니다.

없어요. 보통 집에서 사용하는 전기가 220V인데 그 전압보다 100배 이상 센 전압이 흐르니 당연한 이야기지요. 그렇기 때문에 요즘에 계획적으로 만드는 신도시에는 아예 땅 밑으로 전기선을 묻어 버립니다. 그러면 감전될 염려도 없겠지요. 오래된 동네나 시골에 가면 볼 수 있는 전깃줄은 겨울이 되면 팽팽해집니다. 날씨가 추우면 부피가 줄어들어서 그렇지요. 하지만 여름이 되면 전깃줄의 부피가 늘어나 전봇대에 늘어져 매달려 있는 것을 볼 수 있어요.

부도체

전기를 잘 전달하지 않는 물체를 말합니다. 종이, 유리, 고무 등이 있습니다. 다른 말로 절연체라고 하는데 반대로 전기를 잘 전달하는 물체를 도체라고 합니다.

앞에서 잠깐 설명한 바이메탈의 원리도 열에 의해 부피가 늘어나는 성질을 이용한 것이에요. 물질마다 온도가 변할 때 늘어나는 정도가 다릅니다. 그러면 온도가 변해 팽창할 때, 다른 두 개의 금속을 맞붙여 놓으면 어떻게

■ 바이메탈의 원리

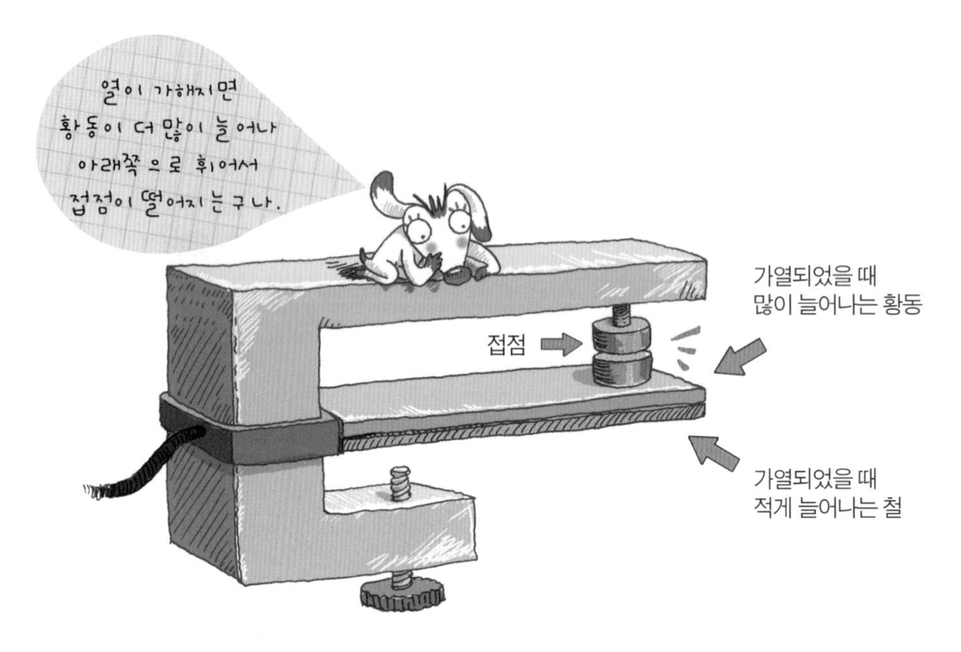

될까요? 온도가 올라가면서 팽창하는 정도가 큰 금속이 팽창하는 정도가 작은 금속보다 길어집니다. 그리고 두 금속이 맞붙어 있으니까 팽창하는 정도가 작은 쪽으로 휘어지게 되지요. 바이메탈은 바로 이런 원리를 이용한 겁니다. 바이메탈이라는 이름도 두(bi) 개의 금속(metal)이 붙어 있다 해서 지어진 이름이에요.

위의 그림처럼 더 잘 늘어나는 것을 위쪽에, 조금 늘어나는 것을 아래쪽에 붙여놓으면 온도가 높아질 때 팽창이 잘 되는 금속이 더 많이 늘어나기 때문에 팽창이 잘 되지 않는 금속판 쪽으로 바이메탈이 휘어지게 되고, 그러면 접점이 떨어지게 되어 전기가 더 이상 흐르지 않게 되지요. 전기가 흐르지 않는 사이에 온도가 다시 낮아지면 팽창이 잘 되는 금속의 부피가 많이 줄어들기 때문에 팽창이 잘 되는 금속판 쪽으로 바이메탈이 휘게 됩니다. 그리고 다시 접점이 맞닿아서 전기가 흐르게 되는 것입니다.

전기장판이나 다리미의 온도를 맞춰 놓고 쓰다 보면 온도가 계속 올라가 맞춰 놓은 온도를 넘어갈 때가 있어요. 그럴 때 바이메탈이 움직여 전기를 끊어 주기 때문에 더 이상 온도가 올라가지 않습니다. 이런 원리는 주로 다리미나 전기장판의 자동 온도 조절 장치에 사용되고 항상 온도를 일정하게 유지해야 되는 커피 메이커나 핫플레이트에 사용되기도 하지요. 이것을 더 세밀하게 만들면 바이메탈 온도계도 만들 수 있습니다.

가끔 부엌에서 그릇 두 개가 겹쳐져 잘 빠지지 않는 경우가 있어요. 이런 때에도 열에 의한 부피 변화를 이용하면 그릇을 쉽게 분리할 수가 있습니다. 먼저 더운 수건 위에 겹쳐져 있는 그릇을 놓아요. 그런 후 위의 그릇에

온도 조절 장치가 달린 커피 메이커와 분해된 핫플레이트. ⓒ Michiel1972@nl.wikipedia.org

찬물을 담으면 됩니다. 그러면 아래 그릇은 따뜻한 열을 받아 부피가 살짝 늘어날 것이고, 위의 그릇은 찬물 때문에 부피가 줄어들 겁니다. 약간의 부피 차이가 생겨 두 그릇 사이에는 작은 틈이 생기지요. 그러면 두 그릇이 쉽게 분리가 됩니다. 괜히 힘으로 해결하려다가 그릇이 깨지는 경우가 있으니 아무 때나 힘자랑하지 마세요!

열에 의한 고체의 부피 변화는 유리컵으로도 설명이 가능합니다. 유리컵에 너무 뜨거운 물을 담으면 유리컵이 깨지는 경우가 있어요. 사용하고 있는 전구에 찬물을 뿌려도 전구가 깨지지요. 이렇게 유리가 깨지는 이유도 열 때문이에요. 일단 유리컵을 살펴보세요. 아무리 얇아도 어느 정도 두께가 있습니다. 그런데 안쪽에 뜨거운 물을 넣으면 컵 안쪽 표면이 늘어나려

하겠지요. 하지만 바깥쪽은 아직 열을 전달받기 전일 수 있어요. 바깥쪽에 비해 안쪽이 너무 많이 늘어나게 되면 컵은 깨질 수밖에 없습니다.

전구는 불이 켜져 있을 때 열이 생겨 뜨겁다.

전구도 마찬가지입니다. 사용하는 전구를 만져 보면 전기가 흐르면서 열이 생겨 뜨거워져 있습니다. 이것은 전구 안쪽에 빛을 내는 부분에서 빛을 내면서 생기는 열 때문이에요. 이것에 찬물을 뿌리면 안쪽은 뜨거워 늘어나 있고 바깥쪽은 상대적으로 너무 차가워 부피가 줄어들려고 하죠. 이렇게 한쪽 면만 늘어나게 되어서 전구가 깨지는 것입니다.

고리에 쇠구슬 통과시키기

금속의 부피가 열에 의해 변하는 것을 눈으로 확인하는 실험입니다. 먼저 쇠구슬과 쇠고리를 준비하세요. 단, 쇠고리는 쇠구슬을 통과시키지 못하는 약간 작은 것으로 준비해야 됩니다. 그런 후 쇠구슬을 쇠고리에 통과시켜 보세요. 당연히 쇠고리가 작으니까 쇠구슬이 통과하기 어렵겠지요. 그러면 쇠고리를 약간만 가열해 보세요. 쇠고리가 열에 의해 조금 늘어나면 쇠구슬은 쇠고리를 통과할 수 있습니다.

열에 의한 액체의 부피 변화

앞에서 온도계의 원리를 설명할 때 액체가 열을 받으면 부피가 늘어난다고 했어요. 액체의 열에 의한 부피 변화는 온도계에만 나타나는 것이 아닙니다. 엄마가 국을 끓이실 때 처음에는 뚜껑을 덮고 끓이다가 끓기 시작하면 뚜껑을 열어 두는 것을 본 적이 있을 거예요. 이것도 열에 의해 물의 부피가 늘어났기 때문에 국이 넘치지 않게 하려고 그러는 것입니다.

물이 끓으면 수증기가 되는데, 이때 부피가 약 1,700배나 늘어나요. 그렇게 되면 냄비 안의 좁은 공간에 있기가 어렵지요. 그래서 수증기는 뚜껑을 들썩거리며 빠져나가려고 합니다. 이때 그냥 놔두면 넘치게 되는 것이에요. 그러니까 끓기 시작하면 뚜껑을 반드시 열어 두어야 합니다. 주전자에 구멍이 있는 이유도 마찬가지입니다. 물이 끓어 수증기가 되면 물 분자가 너무 활발히 움직여 미는 힘이 세집니다. 즉, 압력이 커지는 거예요. 만약 뚜껑을 꽉 막은 후 가열을 하게 되면 센 압력 때문에 뚜껑이 날아갈 수도 있어요. 그래서 주전자 뚜껑이나 냄비 뚜껑에 구멍을 뚫어 이런 위험을 막아요.

초원 위를 달리는 증기 기관차.

이런 원리를 이용하면 물건을 움직이게 할 수 있어요. 증기 기관차가 그 예가 될 수 있지요. 또한 원자력 발전소나 화력 발전소에서도 물이 끓을 때 생기는 수증기의 힘을 이용하여 전기를 만들어 내고 있습니다.

물은 열을 가해 수증기가 될 때 엄청나게 많은 부피를 늘이게 하지만 반대로 얼 때에도 부피가 늘어납니다. 대부분의 액체는 기체가 될 때에는 부피가 늘어나고 반대로 고체가 되면서 얼면 부피가 줄어드는데 물은 얼 때에도 부피가 늘어나요. 그래서 물병을 냉동실에 넣을 때 꽉 채워 담으면 물병이 깨질 수도 있으니 조심해야 합니다. 음료수를 만드는 회사의 창고에는 겨울이 되면 가끔 음료수가 얼어서 병이 터지는 경우가 있어요. 이것도 물이 열을 빼앗기면서 얼 때 부피가 늘어나기 때문에 생기는 일입니다.

극장을 가면 팝콘을 꼭 먹게 되어요. 팝콘을 튀긴다고 해서 새우튀김처럼 기름에 넣고 튀긴다고 생각하기 쉽지만 팝콘 튀기는 기계를 가만히 들여다보면 기름이 없습니다. 도대체 팝콘은 어떻게 튀기는 걸까요? 팝콘은 기름에 튀기는 튀김과 다릅니다. 팝콘을 튀긴다는 표현을 쓰는 것은 마른 곡식의 알갱이를 열을 가해서 부풀게 하는 것을 튀긴다고 하기 때문입니다.

팝콘이 튀겨지는 것은 옥수수 안의 수분 때문입니다. 수분은 열을 받으면 부피가 늘어나는 성질이 있어요. 만약 옥수수 껍데기가 단단하지 않다면 껍데기가 늘어나 부푼 옥수수가 될 거예요. 하지만 껍데기가 단단하기 때문에 부피가 잘 늘어나지 못해서 결국 터지게 되는 것이지요. 가끔 팝콘을 튀길 때 터지지 않는 옥수수도 있습니다. 그 옥수수는 아마도 약간의 틈이 있어 터지지 못하고 수분이 증발해 버리는 경우입니다. 이 경우는 간단한 실험을 통해서도 알 수 있어요. 팝콘용 옥수수 열 알을 준비해 한쪽에 다섯 알은 그냥 넣어 튀기고, 나머지 다섯 알은 칼로 조금씩 흠집을 내어 튀겨 보세요. 그러면 그냥 넣은 옥수수는 잘 튀겨지는 데 비해, 칼집 난 옥수수는 튀겨지지 않고 냄비 안에서 조금씩 타들어 가고 있을 것입니다.

밤도 마찬가지예요. 군밤을 만들 때는 반드시 껍질에 칼집을 내야 합니다. 그렇지 않으면 팝콘처럼 밤 안에 있는 수분이 증발하면서 부피가 커져 '펑' 하고 터지고 말 거예요. 잘못하면 다칠 수도 있습니다.

전기를 만드는 공장, 발전소

발전소는 물을 끓여 발전기를 돌리는 데 사용되는 연료가 어떤 것이냐에 따라 화력 발전소와 원자력 발전소 등으로 나눌 수 있어요.

화력 발전소는 물을 끓여 생기는 수증기의 힘으로 전기 터빈을 돌림으로써 터빈에 연결된 발전기를 돌리고 전기를 얻는 발전소입니다. 이때 물을 끓이는 것을 보일러라고 하고 보일러의 연료로는 석유, 석탄 등을 사용하지요. 원자력 발전소는 석탄 또는 석유 대신에 원자력을 이용하는 발전소입니다. 우라늄이라는 물질이 쪼개질 때 발생하는 열을 이용하여 물을 끓이지요. 그 다음에는 화력 발전소와 원리가 같습니다.

화력 발전소의 전경. 물을 끓일 때 생기는 수증기의 힘으로 전기를 얻기 때문에 많은 굴뚝이 보인다.

열에 의한 기체의 부피 변화

기체는 고체나 액체에 비해 열에 의한 부피의 변화가 더 크게 나타납니다. 고체나 액체는 각각 그 물체마다 열에 의해 늘어나는 정도가 다르지요. 하지만 모든 기체는 늘어나는 정도가 같아요. 기체의 부피가 열에 의해 달라진다는 것은 간단한 실험으로도 알 수 있습니다.

투명한 유리컵에 뜨거운 물을 가득 담은 후 잠시 후 물을 따라 버립니다. 그리고 재빨리 풍선을 주먹만큼 불어 컵의 입구에 빈틈이 없이 완전히 밀착시킨 후 풍선의 모양을 관찰해 보세요. 풍선이 조금씩 빨려 들어가는 것을 확인할 수 있을 것입니다. 어느 정도 빨려 들어가면 풍선을 들어 보세요. 컵이 떨어지지 않고 같이 따라 올라갈 거예요. 그럼 풍선을 다시 빼내 보세요. 잘 빠지지 않습니다. 큰 힘을 들이지 않고 빼내는 간단한 방법은 컵을 다시 더운물에 담가 주면 됩니다. 이것은 컵 속에 들어 있는 공기가 열을 받으면서 분자의 운동 속도가 빨라져 부피가 늘어났기 때문입니다.

이런 원리를 일상 생활에 적용해 볼까요? 자동차 타이어를 예로 들 수 있겠네요. 자동차의 타이어는 여름철에 약간 바람을 빼야 됩니다. 여름철에는 아스팔트 온도가 달걀을 익힐 정도로 뜨겁기 때문이지요. 그런 아스팔트와 타이어가 계속 부딪혀 마찰을 하는데 그 마찰에 의해 타이어의 온도도 뜨거워집니다. 이런 뜨거운 열을 타이어 속의 공기가 받으면 부피

가 마구 늘어나 '빵' 하고 터질 수도 있습니다. 그러니까 부피가 늘어날 것을 예상해서 바람을 약간 빼놓는 것이죠.

이렇게 기체는 열을 받으면 쉽게 늘어나 모양을 변형시키거나 상태를 달라지게 할 수 있습니다. 또 다른 예는 탁구공인데, 찌그러져 있는 탁구공을 망가졌다고 그냥 버리지 말고 끓는 물에 넣어 보세요. 만약 탁구공이 찢기거나 터져서 찌그러졌다면 어쩔 수 없지만 그런 것이 아니라면 끓는 물의 열에 의해

피펫

일정양의 액체를 정확히 빼거나 더하고, 옮길 때 사용하는 도구입니다. 스포이트처럼 끝이 뾰족한 유리관 모양으로 되어 있고, 유리관에는 세밀한 눈금이 있습니다. 종류도 여러 가지여서 아주 적은 양을 측정하는 마이크로 피펫, 기체를 측정하는 가스 피펫 등이 있습니다.

탁구공 속 기체가 활발히 움직여 부피가 늘어나면 찌그러진 것을 펼 수도 있습니다.

이런 원리를 이용하면 피펫의 끝에 남은 한 방울의 액체까지도 빼낼 수 있습니다. 피펫이란 액체의 부피를 측정하는 기구인데 끝부분이 뾰족해 액체가 걸리면 잘 빠져나오지 않거든요.

그럴 때 우리는 피펫을 흔들어 남은 액체 방울을 떨어뜨리려고 하는데, 비커에 부딪혀 깨지는 경우가 있으니 함부로 흔들면 안 되겠지요. 그럴 때는 피펫의 끝부분을 손가락으로 막고 두 손으로 피펫을 감싸 쥐면 손에 있던 열이 피펫에 차 있는 공기를 데워 부피를 늘리게 되지요. 이렇게 기체의 부피가 늘어나면 공간이 부족하기 때문에 밑에 고여 있는 액체 방울을 밀어 내게 됩니다.

이 원리를 연구하여 하나의 법칙으로 만든 과학자가 있는데 바로 앞에서 잠깐 이야기한 샤를이에요. 샤를은 온도가 올라가면 기체의 부피가 늘어난다는 것을 발견하고 압력이 일정할 때 기체는 종류에 상관없이 온도가 섭씨 1℃ 올라갈 때마다 섭씨 0℃일 때 부피의 273분의 1씩 증가한다는 '샤를의 법칙'을 만들었습니다.

열기구는 어떻게 뜰까요?

가끔 공항 근처를 지나가거나 누군가 여행을 다녀왔다는 얘기를 들으면 비행기를 타고 싶다는 생각이 간절해지지요? 꼭 비행기가 아니더라도 하늘을 한번 날아 봤으면 하고 생각할 때가 있습니다. 우리 주위에서 흔히 볼 수 있는 것은 아니지만 비행기를 타지 않고도 하늘을 날 수 있는 것이 열기구입니다. 놀이동산에 가면 열기구 모양으로 생긴 놀이 기구도 있지만 그것은 전기로 이동하는 것이고 진짜 열기구는 열을 이용해 하늘로 떠오릅니다. 열기구 안에는 많은 기체들이 들어 있는데, 이 기체를 가열하여 달구어 주면 부피가 커져 가볍게 되어서 뜨게 됩니다. 이 원리로 열기구는 하늘을 날 수 있습니다.

문제 1 철도 선로의 이음매 부분이 딱 맞지 않고 약간 벌어져 있는 것을 본 적이 있나요? 이렇게 벌어져 있으면 기차가 다니면서 덜컹거릴 텐데 왜 그런 걸까요?

문제 2 전기장판이나 다리미의 온도 조절 장치로 일정 온도를 맞춰 놓으면 온도가 유지됩니다. 온도 조절 장치는 어떤 원리로 작동하는 걸까요?

게 되어 일시적으로 전기가 흐르지 않지요. 그리고 온도가 다시 내려가면 휘어져 있던 금속판이 정상으로 돌아와 접점이 연결되고 전기가 다시 흐르게 됩니다.

3. 고체나 액체와는 달리 기체도 온도에 따른 부피 변화가 큽니다. 날씨가 더운 여름에는 타이어 속의 공기도 부피가 늘어나요. 게다가 뜨겁게 달은 아스팔트 위를 달리다 보면 타이어는 더 많은 열을 받게 되고 타이어 속 공기도 부피가 더 커지게 되지요. 그러면 타이어 속의 압력이 커져서 자칫하면 타이어가 터질 수도 있습니다. 이런 사고를 막으려고 여름에는 타이어 바람을 약간 빼놓습니다.

문제 3 더운 여름날에 아빠가 자동차 타이어의 바람을 빼놓아야겠다고 하네요. 멀쩡한 타이어의 바람은 왜 빼는 것일까요?

정답

1. 고체나 액체는 기체에 비하면 그 변화가 미미하지만 그래도 온도가 올라가면 부피가 늘어납니다. 날씨가 더운 여름에는 쇠로 된 선로도 부피가 커져 늘어날 수 있어요. 그러면 선로가 휘어져 열차 탈선 사고와 같은 커다란 사고가 일어날 수 있습니다. 그래서 부피가 늘어나도 선로가 휘지 않도록 선로의 이음매를 약간 떨어뜨려 놓는 것입니다.

2. 전기 제품의 온도 조절 장치로는 바이메탈이 이용됩니다. 바이메탈은 온도에 따라 부피 변화의 정도가 다른 두 금속을 붙여서 만듭니다. 온도에 따라 부피 변화가 작은 금속과 큰 금속을 맞붙여놓으면 온도가 올라갈 때 부피 변화가 작은 금속 쪽으로 휘게 됩니다. 이렇게 바이메탈 금속판이 한쪽으로 휘면 접점과 떨어지

관련 교과

초등 4학년 2학기 3. 열 전달과 우리 생활
중학교 1학년 3. 상태 변화와 에너지

3. 전도, 고체에서 열의 이동

더운 여름날 친구와 놀이터에서 놀기로 했어요. 놀이터에 도착해 보니 아직 친구가 오지 않았어요. 태양 빛이 너무 뜨거워 나무 그늘에 앉아 친구가 오기를 기다렸지요. 멀리서 친구가 뛰어와 철봉에 매달리려고 철봉을 만지더니 "앗! 뜨거워!" 하면서 인상을 찌푸렸어요. 더운 여름에는 철봉이 많이 뜨거워집니다. 태양에 의해 많은 열을 공급받기 때문이지요. 철봉은 어떻게 열을 이동시키는지 알아볼까요?

열은 물체를 타고 온다

더운 여름날 뙤약볕 아래 자동차를 세워 놓으면 자동차가 엄청 뜨거워지는 것을 알고 있죠? 그래서 그늘에 세워두는데 이 말썽꾸러기 태양은 가만히 있는 것이 아니라 요리조리 움직여 다녀요. 만약 자동차의 절반 정도만 태양 빛을 받는다면 어떻게 될까요? 햇볕을 받은 부분만 뜨거워질까요? 아니면 전체가 뜨거워질까요? 물론 빛을 받은 부분이 더 뜨겁겠지만 열을 받지 않은 부분도 같이 뜨거워집니다. 그 이유는 물체를 타고 열이 이동하기 때문이지요.

모든 물체는 분자라는 아주 작은 알갱이로 이루어져 있는데, 고체 분자들은 잡아당기는 힘이 매우 커서 분자들끼리 서로 단단하게 붙어 있습니다. 쉽게 말해 분자들끼리 손을 붙잡고 있다고 생각하면 됩니다. 그래서 한쪽만 열을 받아도 분자들이 서로 잡은 손으로 열을 전달해 주기 때문에 다른 부분까지도 열을 받게 되는 것이지요. 하지만 액체나 기체는 고체처럼 분자끼리 서로 손을 단단히 잡고 있지 않기 때문에 열의 이동이 고체처럼 일어날 수는 없습니다. 이처럼 열이 고체 물질을 따라 움직이는 것을 열의 전도라고 하지요.

쇠막대를 가열하면 열이 이동하는 것을 눈으로 쉽게 확인할 수 있습니다. 쇠막대기를 직접 가열해 볼 때 주의할 점이 있습니다. 쇠막대를 가열하

그늘에 있어도
열전도 때문에
차는 뜨거워져!
전달
전달
전달
전달

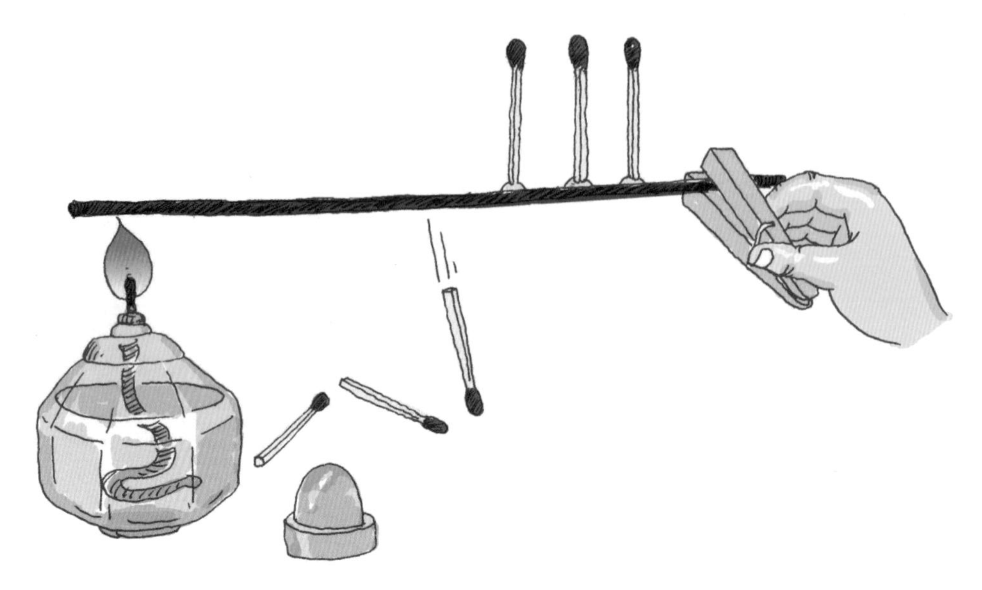

성냥개비는 열이 전도되는 순서대로 떨어진다.

면 너무 뜨거워 손으로 만지면 큰일이 나겠지요? 그래서 열이 전도되는 것을 직접 느끼는 것이 아니라 간접적으로 눈으로 살펴보아야 됩니다.

방법은 간단합니다. 쇠막대기에 일정한 간격으로 촛농을 떨어뜨리고 촛농이 굳기 전에 성냥개비를 꼽아요. 그러면 촛농이 굳어지면서 성냥개비가 고정이 되지요. 그런 다음 집게로 쇠막대기 끝을 잡고 다른 한쪽을 가열해 보는 거예요. 그럼 어떻게 될까요? 가열한 쪽에서 가까운 쪽부터 성냥개비가 하나씩 떨어지지요? 그것은 가열한 쪽으로부터 먼 쪽으로 열이 전도되기 때문입니다. 그러니 열이 전달되는 순서대로 성냥개비가 하나씩 떨어지는 것이지요.

만약 쇠막대가 아닌 유리 막대로 실험을 하면 어떻게 될까요? 유리 막대와 쇠막대로 위의 실험을 동시에 해 보세요. 어떤 막대의 성냥개비가 더 빨리 떨어질까요? 당연히 쇠막대의 성냥개비가 더 빨리 떨어지겠지요?

물질	알루미늄	금	철	구리	납	유리
열전도율 (kcal/m·h·℃)	196	254	62	320	30	0.72

고체는 물질마다 열을 전달시키는 속도가 다릅니다. 이것을 열전도율이라 하지요. 쇠막대는 금속으로 이루어져 있는데, 금속은 열전도율이 다른 물질에 비해 굉장히 큽니다. 그만큼 열의 전달이 굉장히 빠르지요. 반면에 유리는 열전도율이 낮기 때문에 열을 빨리 전도시키기 어려울 것입니다. 밥을 먹을 때 국그릇에 숟가락을 넣어 두면 뜨거운 국에 의해 유리로 된 그릇보다 숟가락이 더 금방 뜨거워지는 현상을 관찰할 수 있어요. 이렇게 열전도율이 커서 열을 잘 전도시키는 물체를 양도체라고 부릅니다.

열전도율

물질마다 열을 전달하는 정도가 다른데, 이것을 열전도율이라고 합니다. 열전도율이 크면 열의 전도가 잘 일어나는 물질입니다.

냄비와 프라이팬

언제 먹어도 맛있는 라면! 분식집에서 라면을 사 먹을 때 보면 주로 양은 냄비에 라면이 나와요. 왜 하필 양은 냄비일까요? 별로 예쁘게 생기지도 않았는데……. 양은 냄비는 얇고 열전도율이 좋아서 빨리 물이 끓기 때문입니다. 라면은 짧은 시간에 빨리 끓여야 퍼지지 않고 쫄깃쫄깃 맛이 좋지요. 양은 냄비는 열전도율도 좋을 뿐만 아니라 냄비 바닥이 얇아 열이 빨리 전달되는 장점이 있어서 라면을 끓이기에 안성맞춤입니다.

그런데 왜 하필 라면일까요? 양은 냄비에 밥을 하지는 않잖아요. 굳이 양은 냄비에 라면을 끓이는 것을 고집하는 이유는 라면은 빨리 먹기 때문입니다. 양은 냄비는 열전도율이 좋다고 했는데 열을 빨리 받는 만큼 빨리 식습니다. 빨리 식는 용기에 음식을 넣고 천천히 먹는다면 당연히 맛이 없겠지요. 라면은 끓여서 오랫동안 두고 먹는 것이 아니라 앉은자리에서 빨리 먹으니까 양은 냄비가 적당한 것입니다. 하지만 요즘은 양은 냄비의 노란색이 조금씩 벗겨지면서 중금속이 녹아 나온다는 이야기가 있어서 몸에 해롭다고 해요. 그래서 사용을 자제하고 있습니다. 맛있는 것도 좋지만 건강을 생각해야겠지요?

요즘 판매되는 냄비는 손잡이에 고무나 플라스틱이 붙어 있는 경우가 많습니다. 주전자도 마찬가지입니다. 그것은 고무나 플라스틱의 열전도율이 낮기 때문입니다. 자칫 잘못해서 냄비를 급하게 만질 경우 열로부터 우리를 보호하기 위해 손잡이를 열전도율이 낮은 고체로 만들어 놓은 것이지요.

프라이팬의 손잡이는 열전도율이 낮은 플라스틱과 나무로 되어 있다.

식탁 위에 뜨거운 냄비를 그냥 놓으면 유리가 깨질 수도 있기 때문에 냄비 받침을 놓는 것도 같은 이유입니다. 냄비 받침이 없는 경우 급하게 신문지를 깔아 놓을 때도 있는데, 종이 역시 열전도율이 낮기 때문에 냄비 받침으로 써도 무난합니다.

프라이팬의 모양을 보면 더 쉽게 이해할 수 있습니다. 프라이팬의 손잡이는 플라스틱으로 되어 있어요. 냄비는 가스레인지에 올려놓고 오랫동안 끓이면 되지만 프라이팬은 볶고, 뒤집고 해야 하기 때문에 계속해서 손으로 잡아야 할 때가 많아요. 그래서 손잡이를 열전도율이 낮은 플라스틱으로 만드는 것입니다.

생활 속의 열의 전도

음식은 맛도 중요하지만 어떤 그릇에 담는지도 중요합니다. 김치찌개처럼 오랜 시간을 끓여야 하는 음식은 뚝배기를 사용하면 더 맛있게 됩니다.

뚝배기는 도자기로 만들어져 있어 열을 빨리 전달하지 못합니다. 그래서 끓이는 데 시간이 오래 걸립니다. 하지만 그만큼 식는 데도 오랜 시간이 걸리기 때문에 음식이 오랫동안 뜨겁게 유지된다는 장점이 있어요. 그래서 식당에서 찌개를 주문하면 대부분 뚝배기에 만들어져 나오는 것입니다.

건물에 불이 나면 매우 당황하게 되지요? 사람들은 급한 마음에 엘리베이터를 타려고 하지만 엘리베이터의 뚫려 있는 공간으로 불이 번지기 쉬워 위험합니다. 그럴 땐 어렵더라도 비상구를 이용해야 합니다.

비상구를 이용할 때에도 주의할 점이 있습니다. 비상문이 있다고 함부로 문을 열면 안됩니다. 문 밖의 복도에 불길이 있는지 확인한 후 비상문으로 나가야 하지요. 복도에 불길이 있는지 확인하는 방법은 비교적 간단합니다. 일단 문의 손잡이를 만져 보면 됩니다. 문 밖에서 불이 타고 있다면 손잡이의 금속이 열을 전달 받아 안쪽까지 뜨거워질 테니까 바깥에 불길이 있는지 없는지를 쉽게 확인할 수 있습니다.

온돌이 따뜻한 이유

요즘은 아파트에서 생활하는 사람이 많이 늘었는데, 할머니들은 난방을 하는 따뜻한 아파트에서도 "따뜻한 아랫목에 허리나 지졌으면 좋겠다." 하실 때가 있어요. 혹시 아랫목이 무엇인지 알고 있나요? 할머니께서 이런 말씀을 하시는 것은 우리나라의 전통 난방법인 온돌과 관계가 있습니다. 옛날에는 아궁이에 불을 때고 음식도 하고, 난방도 했어요. 아궁이 위에 넓적한 돌을 깔고 방을 만들었는데, 그 돌을 구들장이라고 합니다. 그리고 방에서 불을 때는 아궁이와 가까운 쪽을 아랫목이라고 했습니다. 아랫목은 아궁이에서 때는 불의 열기가 바로 느껴지니까 정말 뜨끈뜨끈했겠지요? 아궁이의 열기가 구들장을 통해 방바닥 전체를 덥게 만드는데 이처럼 돌에 의한 열의 전도로 방을 따뜻하게 만드는 난방법을 온돌이라고 합니다. 이 온돌은 아궁이의 열기를 돌의 열전도를 이용해 직접 전달하기 때문에 따뜻한 것입니다. 또 돌은 한 번 달구어지면 쉽게 식지 않기 때문에 방바닥은 한 번 달구어지면 쉽게 식지 않는 장점이 있습니다.

백제 시대 온돌 유적.

문제 1 더운 여름날 자동차를 그늘에 세워 두었는데, 해가 움직여서 자동차의 반 정도가 햇볕을 받게 되었습니다. 그런데 여전히 그늘 속에 있는 부분에서도 따뜻한 온기가 느껴지네요. 왜 이러한 현상이 일어날까요?

문제 2 식당에서 라면을 시키면 양은 냄비에 끓여 주고, 된장찌개를 시키면 뚝배기에 끓여 주네요. 그 이유는 무엇일까요?

열전도율이 낮아요. 라면은 빨리 끓여서 빨리 먹는 음식이기 때문에 양은 냄비에 주로 끓이고, 된장찌개는 천천히 끓여서 오래도록 따뜻하게 먹는 음식이기 때문에 주로 뚝배기에 끓입니다.

3. 아궁이 위에 구들장이라고 하는 넓은 돌을 깔고 그 위에 방을 만드는 방식을 온돌이라고 합니다. 아궁이에 불을 때면 구들장을 통해 열이 전달되어 방이 따뜻해지는데, 이는 열의 전도 현상을 이용한 것입니다.

문제 3 우리나라 전통 난방 방식을 온돌이라고 합니다. 온돌은 어떤 원리를 이용한 것인가요?

정답

1. 모든 물체는 분자라는 아주 작은 알갱이로 이루어져 있습니다. 그리고 고체의 분자들은 서로 잡아당기는 힘이 아주 커서 단단히 붙어 있지요. 그래서 한쪽이 열을 받으면 인접해 있는 분자를 통해 다른 쪽으로 열이 전달됩니다. 그렇기 때문에 햇볕을 직접 받지 않은 부분도 따뜻해집니다. 이처럼 고체에서 열이 전달되는 현상을 전도라고 합니다.

2. 열전도율 때문이에요. 물질마다 열을 전달하는 정도가 다른데, 이것을 열전도율이라고 합니다. 열전도율이 높으면 열을 빨리 전달하기 때문에 음식을 금방 데울 수 있어요. 반면에 열전도율이 낮으면 천천히 데워지지만 그만큼 열을 오래 간직하고 있기 때문에 잘 식지 않습니다. 양은 냄비는 열전도율이 높고, 뚝배기는

관련 교과

초등 4학년 2학기 3. 열 전달과 우리 생활
초등 6학년 2학기 4. 계절의 변화
중학교 3학년 4. 물의 순환과 날씨 변화

4. 대류, 액체나 기체에서 열의 이동

주방의 가스레인지를 보면 위에 후드가 달려 있지요? 후드는 음식을 하면서 생기는 냄새와 연기를 없애 주는 역할을 해요. 그런데 왜 후드는 가스레인지 위에만 있을까요? 왜 음식 냄새와 연기는 위로만 올라갈까요?

대류의 발견

대류 현상을 발견한 럼퍼드 백작.

벤저민 럼퍼드 백작
Benjamin Rumford
1753~1814

미국에서 태어난 영국의 물리학자이자 정치가입니다. 열이 마찰 등에 의해 생긴 기계적인 에너지임을 밝히는 등, 열에 대한 연구에서 많은 업적을 남겼습니다.

18세기 말까지 사람들은 물이 열을 잘 전달하는 양도체라 생각했습니다. 그러던 중 럼퍼드 백작은 이상한 점을 발견하게 되었어요. 바로 애플파이를 먹던 중에 말이지요. 만약 물이 열을 잘 전달하는 양도체라면 싸늘하게 식은 애플파이의 속도 식어 있어야 하는데 표면이 식은 애플파이를 먹었다가 속이 너무 뜨거워 입 안을 데었던 것입니다. 이에 럼퍼드 백작은 '만약 열이 물에 의해 전도된다면 파이의 윗부분뿐만 아니라 속도 적당히 식어 있어야 한다.'고 생각했어요.

럼퍼드 백작은 여기서 그치지 않고 수프를 떠올렸습니다. 방 안에 철제 난로를 피워 놓고, 그 위에 수프 한 그릇을 올려놓았어요. 그리고 어느 정도 시간이 지나 수프를 한 숟가락 떠서 먹었는데, 많이 뜨겁지 않았습니다. 그래서 아무 생각 없이 수프 그릇 속으로 더 깊이 숟가락을 넣어 수프를 떠먹었는데, 이번에는 너무 뜨거워 입을 데고 만

것이에요. 만약 물이 열을 잘 전도시키는 물질이라면 수프는 골고루 데워져 있어야 하겠지요.

럼퍼드 백작이 마지막으로 의문을 가진 것은 나폴리 온천에서였어요. 온천에는 암석들 틈 사이로 뜨거운 증기가 뿜어져 나왔고 지면에서도 뜨거운 열기가 올라오고 있었습니다. 하지만 그와 다르게 근처 바닷가의 물속은 차가웠어요. 그래서 바닷가 백사장의 모래 속에 손을 깊이 넣었더니 그곳은 뜨거웠습니다. 만약 물이 열을 잘 전도한다면 물도 뜨거워졌을 텐데 참 이상한 일이라 생각하고 실험을 시작했지요.

여러 개의 유리관을 만들어 서로 다른 액체를 넣은 후 빛이 잘 드는 창가에 두고 관찰했습니다. 오랜 시간 후 유리관을 들여다보니 작은 입자들이 액체 속을 바쁘게 움직이고 있었어요. 그 입자는 유리관을 오랫동안 마개를 막지 않고 내버려두었기 때문에 먼지가 들어가서 생긴 것이었습니다. 이 입자의 운동을 살펴본 결과 상승하는 입자는 모두 유리관의 맨 위 액체의 표면 가까이까지 올라갔다가 내려왔어요.

이러한 현상은 실험을 통해 간단하게 확인할 수 있었습니다. 아주 작은 고체 알맹이에 색을 칠하고, 물을 붓고 비커 밑바닥에 알맹이를 가라앉혀요. 그리고 열을 가하면 가라앉은 알맹이가 움직이기 시작하여 액체의 수면까지 올라갑니다. 그다음 알맹이는 비커의 가장자리 쪽으로 이동하여 비커 벽 근처를 통하여 밑바닥까지 다시 내려오게 됩니다. 밑바닥까지 내려온 알갱이가 밑바닥에 닿으면 그것은 다시 가열되어 중앙부로 수면을 향해 올라가게 되어요. 이렇게 색깔이 든 알맹이는 비커 속을 계속 빙빙 돌게 되는 것이죠.

이 실험을 통해 뜨거운 액체의 입자는 차가운 입자보다 가볍기 때문에 위로 올라가게 되고, 그것이 차가운 표면에 닿으면 온도가 내려가 무거워져서 다시 내려가게 된다는 것을 알게 되었어요. 이렇게 액체 입자가 열에 의해 상하 운동을 하게 되는 현상을 '대류'라고 부릅니다. 이 사실을 발견하기 전까지 대부분의 과학자들은 열이 액체 내에서도 고체 내에서와 같이 '전도'에 의해 이동한다고 생각했어요. 그러나 럼퍼드의 관찰로 액체 내에서는 전도가 아니라 대류에 의해 열이 전달된다는 것을 알게 되었습

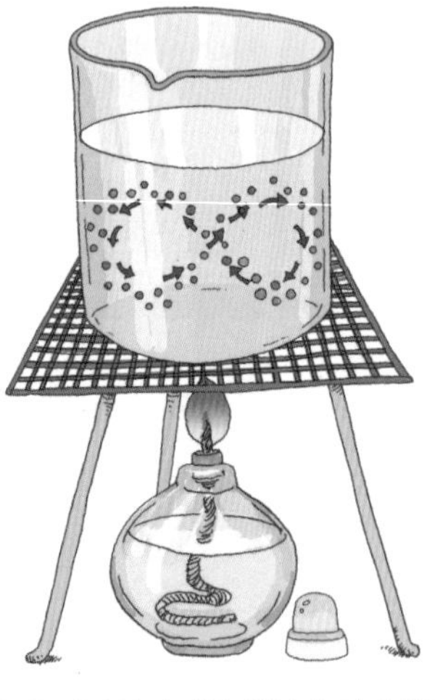

물을 가열하면 대류 현상에 의해 알갱이들이 비커 안을 빙빙 돌게 된다.

니다.

이런 대류의 예는 우리 주변에서도 볼 수 있어요. 가족과 함께 목욕탕에 가 본 적이 있나요? 넓은 탕 안에 들어가 계신 어른들은 "어, 시원하다."라고 하실 때가 있습니다. 그 말만 믿고 발을 쏙 넣으면 큰 낭패를 보게 되지요. 생각보다 목욕탕의 물이 뜨거우니까요. 하지만 용기를 내어 탕 속에 발을 넣어 보면 발이 처음 물과 닿을 때는 뜨겁지만 물속은 생각보다 뜨겁지 않습니다. 왜 위에 있는 물이 아래쪽의 물보다 더 뜨거운 걸까요? 그것은 바로 대류 현상 때문입니다. 앞에서 말한 것처럼 물은 더워지면 위로 올라가는 성질이 있어요. 그래서 물을 받아 놓은 탕 안에 따뜻한 물을 틀어 놓

으면 먼저 받아 놓은 물은 아래로 내려가고 따뜻한 물은 위로 올라가는 것입니다.

보일러를 켜 방바닥만 데우는데도 집 안이 따뜻해지는 이유도 바로 대류 현상 때문이에요. 방바닥이 뜨거워지면 더운 공기는 가벼워져 위로 올라갑니다. 데워진 공기가 위로 올라가면 위에 있던 차가운 공기는 다시 아래로 내려오게 됩니다. 밑으로 내려온 찬 공기는 또 데워지니까 다시 위로 올라가겠지요. 이런 식으로 공기가 순환하기 때문에 온 집 안이 따뜻해질 수 있습니다.

에어컨을 벽이나 천장에 설치하는 것도 비슷한 이유 때문이에요. 에어컨을 바닥에 설치하면 아래쪽만 시원할 텐데, 천장에 설치하면 차가운 공기가 아래로 내려와 실내 전체가 시원해지지요.

에어컨을 천장에 설치하는 것은 대류 현상을 이용한 것이다.

끓는 물 속에도 녹지 않는 얼음

시험관에 물을 담습니다. 그리고 얼음 위에 무거운 물체를 얹어 시험관 속에 가라앉혀요. 얼음이 가라앉은 후 시험관의 가운데 부분을 가열하면 물은 끓지만 얼음은 잘 녹지 않습니다. 왜냐하면 대류 현상이 위에서만 일어나기 때문이에요. 따뜻한 물은 위로 올라가려는 성질이 있고, 차가운 물은 아래로 내려가려는 성질이 있다는 것을 알고 있지요? 가운데 부분에서 데워진 물은 위로 올라가고 위쪽의 차가운 물은 내려오더라도 가열하는 부분에서 다시 데워져 위로 올라가기 때문에 더 이상 아래로 내려가지 않습니다. 그래서 가열하는 부분 아래의 물은 계속 차가운 상태로 있고, 위의 물은 금방 데워져 따뜻해집니다. 물론 가열을 계속하면 아래쪽의 물도 데워지겠지만, 위쪽의 물이 먼저 데워지고 아래쪽의 물은 천천히 데워지겠지요. 아래쪽의 물이 천천히 데워지니까 시험관 밑바닥에 가라앉은 얼음도 잘 녹지 않습니다.

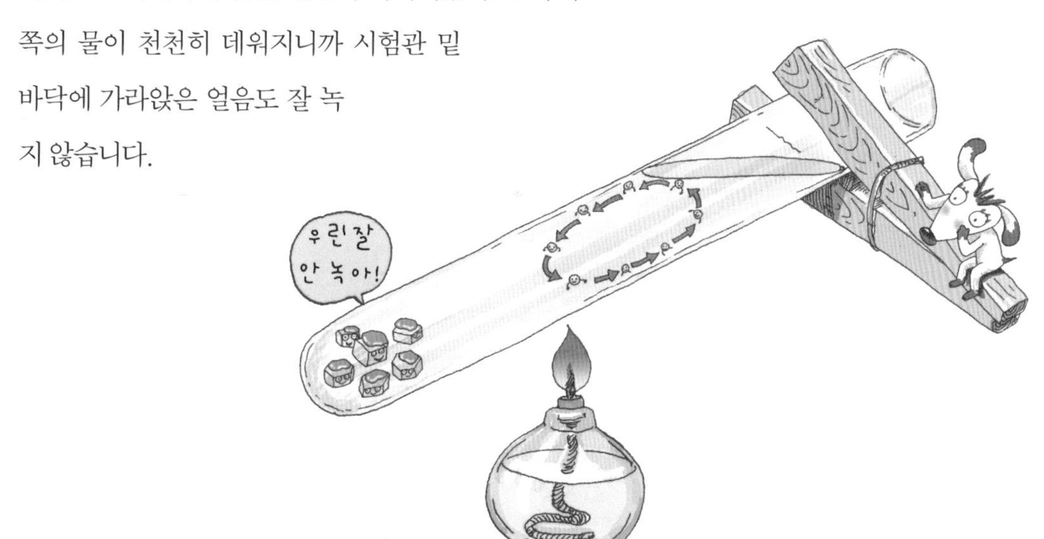

비행기는 성층권으로 올라간다

지구를 둘러싸고 있는 공기층은 지표면으로부터 약 1,000㎞까지 있습니다. 하지만 이렇게 높은 곳에는 공기가 많이 존재하지는 않아요. 위로 올라갈수록 중력이 약해지기 때문에 대부분의 공기는 지표면에서 가까운 대류권에 존재하게 되지요.

중력

일정한 질량을 가진 지구 위의 물체를 지구가 지구 중심부로 잡아당기는 인력을 중력이라고 합니다.

공기의 온도는 어떤 것에 의해 영향을 많이 받을까요? 태양열, 아니면 바닥에서 올라오는 지열일까요? 대부분의 사람들은 우리가 더위를 느끼는 것이 태양열 때문이라고 생각하지만 공기의 온도는 태양열보다 바닥에서 보내는 지열의 영향을 더 많이 받습니다. 물론 지열도 태양열에 의해 생기는 것이기 때문에 지열에 의해서만 공기가 더워진다고 할 수는 없겠지요. 공기의 온도는 태양열보다는 지열의 영향이 더 크다고 하는 것이 옳은 말입니다.

더 자세히 말하자면 태양열이 공기보다 지표면을 먼저 뜨겁게 만듭니다. 그러면 뜨거워진 지표면에서 열을 내보내면서 공기가 따뜻해지지요. 지표면에서 열을 내보내 공기가 따뜻해지니까 점점 위로 올라갈수록 공기는 차가워집니다. 열을 내는 곳으로부터 멀어지니까요. 그런데 앞에서 말한 것처럼 공기는 대류 현상을 일으킵니다. 즉, 더운 공기는 위로, 찬 공기는 아래로 내려가려고 하지요. 그런데 지구의 표면에서 멀어지면 멀어질수록 공기가 차가워지니까 그 차가워진 공기는 바닥으로 다시 내려오려고 하고, 바닥의 열에 의해 데워진 공기는 위로 올라가려고 하지요. 그러니 지구의 대기에서도 대류 현상이 매우 활발히 일어나게 됩니다.

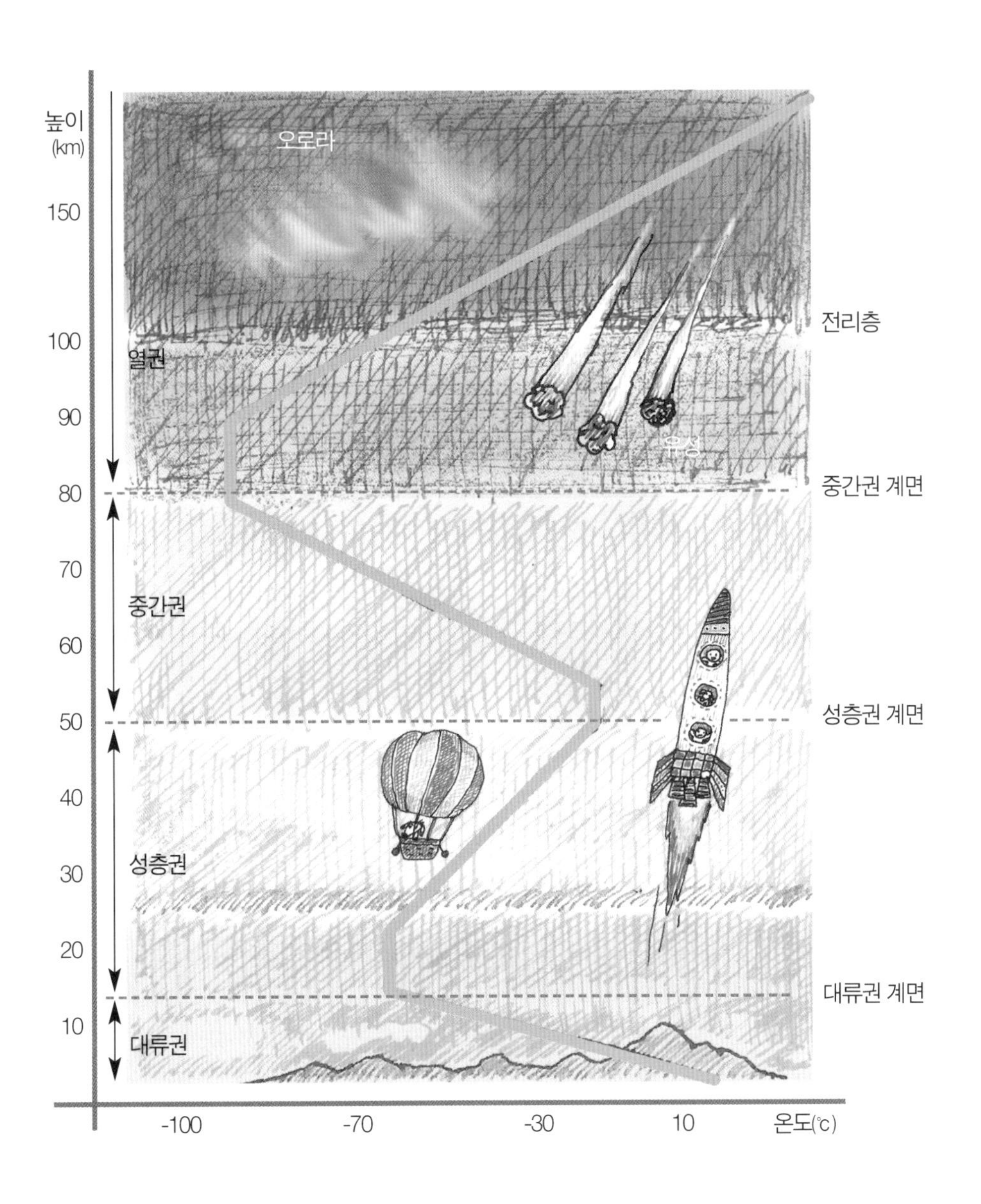

오존층

오존은 산소 원자 세 개로 이루어진 물질입니다. 이 오존은 주로 지구 상공 25~30㎞ 높이에 분포하고 있는데, 이처럼 오존이 많이 분포하고 있는 층을 오존층이라고 합니다. 오존층은 태양으로부터 내리쬐는 생명체에 해로운 자외선을 흡수하는 역할을 하는데, 환경오염으로 인해 오존층이 파괴되고 있어 문제가 심각합니다.

대류 현상이 활발하다 보니 공기의 이동으로 인해 공기가 많이 흔들려 비행기가 제대로 날 수가 없습니다. 그래서 비행기는 대류 현상이 거의 없는 성층권에서 날아다닙니다. 성층권에는 대류권에 없는 오존층이라는 것이 있어, 태양으로부터 오는 뜨거운 자외선을 흡수하기 때문에 윗부분이 아랫부분보다 비교적 뜨거워 대류 현상이 생기지 않기 때문입니다.

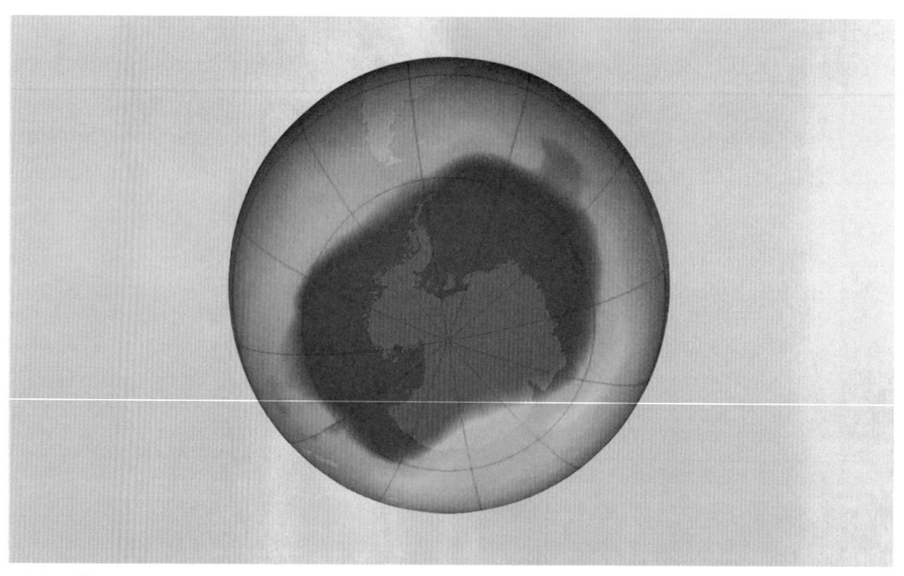

색깔로 표시된 오존의 분포 모습. 녹색과 노란색 부분은 오존이 많이 분포하고 있는 곳이고, 파란색과 보라색 부분은 오존이 많이 분포하지 않아 오존층이 엷어진 곳이다.

찬 공기와 더운 공기가 만나면 물방울이 생기듯,
더운 공기가 차가운 물컵에 닿으면 물방울이 맺힌다.

구름이 발밑에 있다면 성층권을 날고 있다는 증거다.

더운 여름날 식탁 위에 올려놓은 얼음물 컵에 물방울이 송글송글 맺혀 있는 것을 본 적이 있을 것입니다. 어디서나 찬 공기와 더운 공기가 만나면 물방울이 생기는데, 대류권에서도 찬 공기와 더운 공기가 서로 이동을 하다가 만나게 되면 물방울이 생겨나지요. 이렇게 생겨난 물방울이 바로 구름입니다.

혹시 비행기를 탈 일이 생기면 창밖을 한번 내려다보세요. 내 발밑으로 구름이 둥실둥실 떠다닐 것입니다. 구름은 대류 현상이 활발한 대류권에서 생기고 비행기는 대류 현상이 생기지 않는 성층권을 날아가기 때문이지요. 구름이 발밑에 있다는 것은 우리가 성층권을 날고 있다는 증거가 됩니다.

바닷가의 바람

바닷가에서는 하루를 주기로 바람의 방향이 바뀝니다. 낮에 태양 빛이 뜨겁게 비칠 때는 육지가 빨리 가열되지요. 뜨거워진 육지 위의 공기는 데워진 상태이기 때문에 위쪽으로 올라가게 됩니다. 올라간 만큼 육지 위의 공기는 비어 있기 때문에 바다 쪽에서 바람이 불어오게 되고요. 그러면 바다 쪽의 공기를 메우기 위해 육지 위의 공기가 바다 쪽으로 다시 내려오게 됩니다.

낮에는 육지가 빨리 뜨거워져 대류 현상에 의해 바다에서 육지로 바람이 분다.

마찬가지로 밤에는 육지가 더 빨리 식게 됩니다. 상대적으로 바다에 더운 공기가 존재하게 되지요. 바다 쪽에 있던 공기가 위로 올라가면 바다 쪽 공기를 메우기 위해 육지에서 바람이 바다 쪽으로 불게 됩니다. 이렇게 낮에 바다에서 육지로 부는 바람을 해풍, 밤에 육지에서 바다로 부는 바람을 육풍이라 하는데, 이렇게 바람의 방향이 바뀌게 되는 가장 큰 원인은 물과 육지 사이에 열을 전달받는 정도가 다르기 때문입니다.

물질마다 열을 받는 정도가 다른 것을 우리는 비열이라 하지요. 물은 비열이 크기 때문에 쉽게 온도를 올리거나 내릴 수 없습니다. 대신 비열이 작은 모래가 쉽게 온도를 올리고 내리고를 반복하지요. 바닷가에서는 모래가 더워지고 식는 일을 반복하기 때문에 바람의 방향이 하루 두 번 바뀌게 됩니다. 이럴 때, 대류 현상이 일어나지 않는다면 비열의 차이가 있다 한들, 바람의 방향이 바뀔 수 있을까요?

밤에는 육지가 빨리 식어 대류 현상에 의해 육지에서 바다로 바람이 분다.

계절풍

해안가에서 하루를 주기로 바람의 방향이 바뀌는 것과 같이 우리나라 주변은 1년을 주기로 바람의 방향이 바뀌고 있어요. 여름에는 대륙의 더워진 공기가 위로 올라가기 때문에 빈 곳을 채우기 위해 바다 쪽에서 바람이 불어오게 됩니다. 그래서 여름에는 남쪽에서 불어오는 덥고 습한 바람이 불게 되는 것이고, 반대로 겨울에는 육지가 더 차가워 공기가 아래로 가라앉기 때문에 상대적으로 더운 바다 쪽 빈 공기를 채우기 위해 북쪽의 차고 건조한 바람이 부는 것입니다. 이 역시 대류 현상으로 공기가 순환하고 있기 때문에 생기는 것이지요.

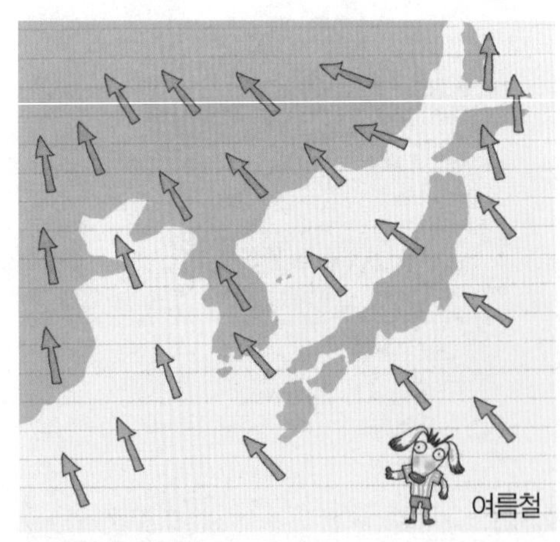

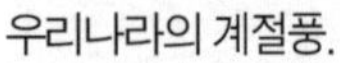
우리나라의 계절풍.

기후와 대류

지구본을 가만히 들여다보면 지구의 반을 가로로 그어 놓은 선이 보이는데 이것을 적도라고 합니다. 이곳에 존재하는 나라들을 보면 필리핀, 브라질, 인도네시아, 에콰도르, 콜롬비아 등 모두 더운 나라들입니다. 이곳은 태양열을 수직으로 받기 때문에 다른 곳에 비해 도달하는 태양열이 많습니다. 그래서 이곳에 사는 사람들은 뜨거운 태양빛에 그을려 피부도 검고 땀

샘의 수도 많지요.

반대로 북극이나 남극은 태양열을 비스듬히 받기 때문에 도달하는 태양열이 적어요. 그래서 1년 내내 겨울입니다. 이렇게 적도와 극지방은 받아들이는 태양열의 차이가 많이 나는 데 반해, 지표에서 내보내는 양은 그다지 큰 차이가 없다고 합니다. 그러면 적도 쪽은 계속해서 에너지가 남을 것이고, 극지방을 계속 모자라겠지요. 더운 곳은 더 더워지고, 추운 곳은 더 추워진다는 이야기입니다.

하지만 공기가 대류에 의해 순환하기 때문에 그 불균형은 어느 정도까지만 진행이 됩니다. 즉, 적도 쪽의 더운 열은 대류에 의해 상승해 극지방으로 이동하고, 극지방의 차가운 열은 적도 쪽의 비어 있는 공간을 채우기 위해 적도 쪽으로 이동을 하지요. 그래서 지구는 매년 비슷한 온도를 가질 수 있었지만, 요즘은 인간의 무분별한 개발로 인해 지구의 온도가 전체적으로 조금씩 더워지고 있습니다.

열대 지방 사람의 특징

베이징 올림픽에서 금메달을 차지한 우사인 볼트.
ⓒ Jmex60@the Wikimedia Commons

2008 베이징 올림픽에서 100m 달리기 금메달을 딴 자메이카의 우사인 볼트 선수를 기억하나요? 올림픽을 보며 자메이카 선수들이 달리기를 굉장히 잘한다는 생각을 했었습니다. 이 선수들을 보면 팔과 다리가 엄청 길지요. 우리나라 사람의 체격 조건과는 많이 다릅니다. 그런데 이들은 팔과 다리가 길 수밖에 없답니다. 기온이 높아 너무 덥기 때문에 땀을 많이 흘려야 하는데 팔, 다리가 짧으면 그만큼 몸의 단면적이 줄어 땀샘의 수도 줄어들겠지요. 그러면 몸이 더 커지면 될 것이라 생각하지만 몸집이 커지면 그만큼 열을 더 많이 만들어 내기 때문에 몸이 커지는 것은 더위를 이기는 데 별로 도움이 되지 않습니다. 더위를 이기기 위해 길게 발달한 팔다리 덕분에 육상에서는 다른 나라 사람들보다 탁월한 실력을 보일 수 있지요. 피부가 검은 것도 뜨거운 태양빛에 잘 적응하기 위한 것이에요. 햇빛에는 자외선이 있어, 자외선이 피부 깊숙이 침투하면 피부암이나 피부 노화를 일으킵니다. 까만 피부에는 멜라닌이라는 색소가 많이 들어 있어 해로운 자외선이 피부 깊숙이 침투하는 것을 막아 줍니다.

문제 1 목욕탕의 뜨거운 탕 속에 들어갈 때 처음에는 물이 뜨거울까 봐 겁이 났는데, 막상 들어가 보니 탕 속의 물은 생각만큼 뜨겁지 않았습니다. 왜 그런 것일까요?

문제 2 비행기를 타고 여행을 가 본 적이 있나요? 비행기를 타고 날다 보니 어느새 구름 위까지 올라왔습니다. 비행기는 왜 이렇게 높은 곳까지 올라와 나는 것일까요?

서 비행기가 성층권을 날 때 발밑으로 구름을 볼 수 있습니다.

3. 물질마다 열을 받는 정도가 다른데 이를 비열이라 해요. 물은 비열이 크기 때문에 쉽게 온도가 올라가거나 내려가지 않습니다. 반면에 모래는 비열이 낮기 때문에 쉽게 온도가 올라가고 내려가지요. 바닷가에서는 이러한 비열의 차이 때문에 밤과 낮에 바람의 방향이 바뀝니다. 낮에는 쉽게 달구어진 육지 쪽의 공기가 위로 올라가기 때문에 빈 부분을 채우느라 바다 쪽에서 바람이 불고, 밤에는 그와 반대로 육지가 빨리 식기 때문에 육지의 찬 공기가 바다 쪽으로 이동합니다.

문제 3 바닷가에서는 낮에는 바다에서 육지 쪽으로, 밤에는 육지에서 바다 쪽으로 바람이 붑니다. 왜 그럴까요?

정답

1. 물은 대류 현상에 의해 열을 전달합니다. 대류란 따뜻한 입자는 위로 올라가고 차가운 입자는 아래로 내려가는 열에 의한 상하 운동을 말해요. 탕 속의 물도 마찬가지입니다. 탕 속에 따뜻한 물을 틀어 놓으면 따뜻한 물이 대류 현상에 의해 물 표면으로 올라가기 때문에 탕 속 깊은 곳의 물보다 표면의 물이 더 뜨겁습니다.

2. 대류 현상은 액체에서만 일어나는 것이 아니라 기체에서도 활발하게 일어납니다. 특히 대기 중에서도 지열의 영향을 받는 지표면에 가까운 곳에서 대류 현상이 활발하게 일어납니다. 이처럼 지표에 가까운 부분을 대류권이라고 하는데, 대류권에서는 공기의 활발한 이동으로 인해 비행기가 흔들려 제대로 날 수가 없어요. 그래서 비행기는 대류 현상이 거의 없는 성층권에서 날아다닙니다. 그런데 구름은 대류권에서 생겨요. 그래

관련 교과

초등 3학년 2학기 4. 빛과 그림자
초등 4학년 2학기 3. 열 전달과 우리 생활
초등 6학년 2학기 3. 쾌적한 환경

5. 복사, 빛에 의한 열의 이동

추운 겨울에는 어디든 따뜻한 곳을 찾게 되지요. 여름에 끔찍하게 더웠던 차 안이 겨울에는 굉장히 포근하게 느껴집니다. 햇빛만 잘 들어와 준다면 난방을 하지 않아도 따뜻함을 느낄 수 있어요. 그런데 햇빛 가리개 같은 것으로 유리를 막아 버리면 더 이상 햇볕의 따뜻함을 느낄 수 없어요. 열은 빛을 통해서 이동하는 것일까요?

난로 옆이 최고네요

나무를 때는 난로가 놓인 거실. ⓒ Terrie Schweitzer(terrim@flickr.com)

겨울에 난로 옆에 서 있으면 손을 대지 않아도 따뜻함을 느낄 수 있습니다. 요즘은 학교 교실에 난로를 피우는 곳이 거의 없는데, 히터나 라디에이터가 나오기 전에는 석탄이나 나무를 태우는 난로가 교실마다 있었습니다.

학생들이 교실로 들어오면 서로 춥다고 난로 가까운 곳에 앉으려고 하지만 난로 주위에 앉으면 너무 뜨거워 곧 졸음에 빠지게 되지요. 어떻게든 수업을 들어야겠다고 생각한 학생은 책으로 얼굴을 가리고 수업을 받았습니다. 책으로 얼굴을 가리면 얼굴에는 열이 오지 않으니까요.

난로처럼 다른 물질을 통하지 않고 직접 열을 전달하는 현상을 복사라고 합니다. 난로의 옆에서 열이 이동하는 것을 관찰해 보면 대류나 전도와 같이 움직이는 것이 없는데 우리가 따뜻함을 느끼는 것은 바로 이 원리이지

요. 난로 옆의 학생이 책으로 얼굴을 가리는 것은, 책으로 얼굴을 가리면 열이 전달되지 않기 때문입니다. 중간에 다른 물체가 끼어 있으면 열의 복사는 일어나지 않습니다. 더운 여름날 빛을 막으려고 쓰는 모자나 양산도 열의 복사를 차단하기 위한 하나의 방법이지요.

태양열이 지구까지 전달되는 것도 복사에 의해 가능한 것입니다. 태양에서 지구까지는 지구의 얇은 대기층을 제외하고 아무런 물질도 존재하지 않은 진공 상태지요. 그렇기 때문에 대류나 전도의 방법으로는 태양에서 지구까지 열을 전달할 수 없습니다. 이런 진공 상태에서 태양열이 우리에게 올 수 있는 것은 바로 태양이 복사의 형태

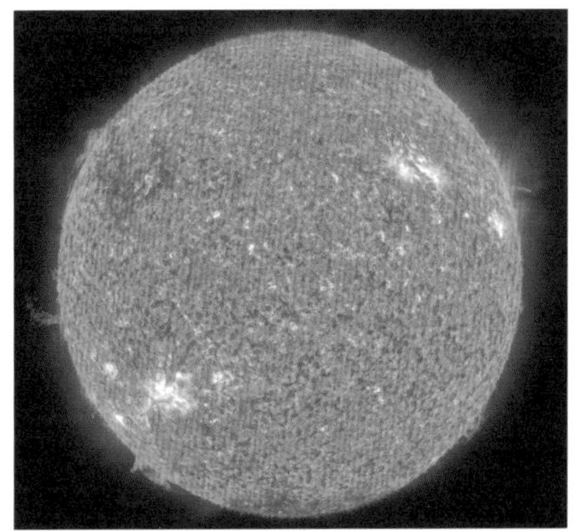
지구 상의 모든 에너지는 태양으로부터 얻은 것이다.

여름에 해수욕장에서 볼 수 있는 파라솔도 태양의 복사열을 차단하기 위한 것이다.

로 열을 보내기 때문이에요. 태양열은 지구에서 없어서는 안 되는 에너지입니다. 모든 에너지가 태양으로부터 시작되니까요. 태양열은 강이나 호수, 또는 바다에 있는 물을 증발시켜 구름의 형태를 만듭니다. 이 구름은 하늘을 둥둥 떠다니다가 무거워지면 물의 형태로 다시 떨어지지요. 그것이 바로 비입니다. 비는 육지 위에 많은 생물이 생명을 유지하는 데 꼭 필요합니다. 그리고 빗물은 다시 댐에 모여 전기를 만드는 데 사용되기도 합니다.

태양이 복사에너지를 내보내기 때문에 수성에는 대기가 존재하기 어려워요. 태양에서 가장 가까운 행성이 수성인 건 아시지요? 수성은 태양으로부터 너무 가까이 있어서 다른 행성보다 많은 태양 에너지를 받습니다. 태양에너지를 많이 받다 보니 너무 뜨거워 대기를 구성하고 있어야 할 기체는 다 도망가 버려요. 그래서 수성에는 대기가 존재할 수 없고, 낮과 밤의 온도차가 엄청 큽니다.

온실효과

태양만 복사에너지를 내보내는 것은 아니에요. 지구도 복사열을 내보냅니다. 태양에서 보내 주는 복사열을 지구가 계속 받기만 하고 내보내지 않는다고 생각해 보세요. 아마도 온도가 점점 올라가서 지구는 결국 생물이 살 수 없는 곳이 되고 말 것입니다. 지구도 받은 만큼 조금씩 열을 내보내고 있습니다.

태양 복사는 기체든, 액체든 다른 상태의 물질을 뚫고 지나가려는 힘이 굉장히 센 반면에 지구의 복사에너지는 그렇지 못해요. 그래서 대기 중에 사람들이 만들어 낸 수증기와 이산화탄소의 농도가 점점 짙어지면 태양 복사에너지는 계속 지구로 들어오고, 지구 복사에너지는 밖으로 나가지 못하게 됩니다. 그러면 지구가 점점 뜨거워지겠지요? 이것을 온실효과라고 합니다.

온실효과가 지속되면 지구의 평균 기온은 계속 증가할 수밖에 없습니다. 지구의 평균 기온이 증가하면 강수량과 증발량도 현재와는 많이 달라지겠지요. 어떤 지역은 강수량이 더 많아져 홍수가 나는 경우도 있고 어떤 지역은 비가 너무 오지 않아 가뭄이 심각해지는 곳도 있을 것입니다. 이런 가뭄으로 인해 사막이 더욱더 늘어갈 수도 있어요. 또한 지구 상에 있는 물 가운데 바닷물 다음으로 많은 빙하가 녹아 해수면이 증가할 수도 있습니다.

지구 평균 기온이 0.3℃ 정도 올라가면 해수면이 6㎝나 올라간다고 합니다. 만약 빙하가 모두 녹으면 현재 해수면보다 높이가 약 6.5m나 높아져 아마 대부분의 육지가 물에 잠기게 되겠지요.

그렇다면 이런 온실효과를 줄이기 위해서 우리는 어떻게 해야 할까요? 온실효과를 일으키는 가장 큰 원인이 되는 수증기와 이산화탄소의 배출을

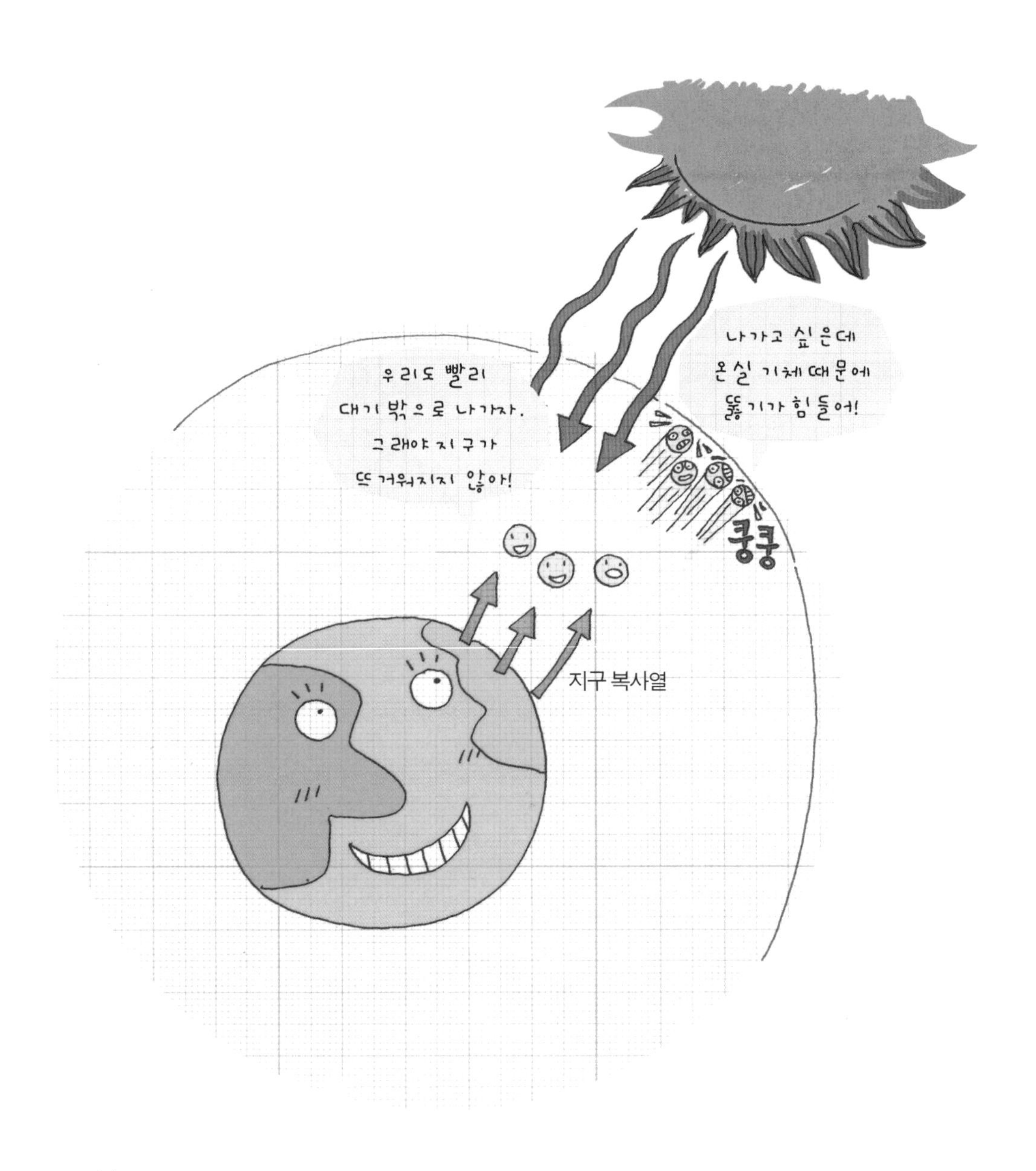

빙하가 모두 녹으면 대부분의 육지가 물에 잠기게 된다.

막는 것이 당연하겠지요? 자동차를 운행하기보다는 대중교통 수단을 이용하고, 화석 연료 사용을 줄여야 합니다. 또 나무를 많이 심어 이산화탄소의 양을 줄이는 것도 중요하지요. 하지만 어느 한 나라에서 노력한다고 결실을 맺는 것은 아니에요. 전 세계가 수증기와 이산화탄소 사용을 줄이고 대체에너지 개발에 힘써야 합니다.

화석 연료

땅 속에 파묻힌 동물이나 식물의 유해가 오랜 세월 동안 화석화되어 만들어진 연료를 화석 연료, 또는 화석에너지라고 합니다. 석탄·석유·천연가스 등이 모두 여기에 속합니다. 가장 많이 이용되는 에너지원이지만 환경 오염의 원인이 되는 단점을 가지고 있습니다.

복사열을 더 많이 흡수하는 방법

복사열은 색에 따라 흡수하는 정도가 달라요. 복사되는 빛은 여러 가지 색을 모두 포함하고 있는데, 일단 우리 눈에 보이는 빛을 가시광선이라 부르고, 눈에 보이지 않는 것 중에 적외선과 자외선도 있습니다. 가시광선은 빨, 주, 노, 초, 파, 남, 보, 무지개 색을 가지고 있어요. 눈에 보이지 않는 적외선은 빨간색보다 파장이 길고, 자외선은 보라색보다 파장이 짧아요. 적외선은 레이더나 전구에 많이 쓰이고 열의 효과를 이용하여 각종 농수산품의 적외선 건조와 가열에 사용되기도 합니다. 의료에서는 소독·멸균과 관절 및 근육 치료에 근적외선이 많이 사용이 되고, 적외선 레이저 빔은 외

가시광선을 가장 잘 확인할 수 있는 현상이 무지개다. ⓒ belindah@flickr.com

그리스의 한 어촌 마을. 더운 지방에서는 건물의 외벽을 흰색으로 칠하는 경우가 많다.

과 수술, 종양의 제거, 신경의 연결 등에도 사용되고 있지요.

자외선은 피부를 검게 하고, 노화를 촉진시키는 해로운 영향을 줍니다. 대기의 성층권에는 이 자외선을 흡수하는 오존층이 있어 자외선으로부터 우리를 보호해 주지요.

눈에 보이는 여러 색 중에 모든 색을 흡수하면 검정색, 모든 색을 반사하면 흰색으로 보입니다. 겨울에는 모든 빛을 흡수해야 조금이라도 추운 것을 막을 수 있겠지요. 빛을 많이 흡수해야 따뜻할 테니까요. 하지만 여름은 반대예요. 여름에 검정색 옷을 입으면 빛을 많이 흡수해서 오히려 더 더워집니다. 그래서 여름철 옷은 거의 흰색으로 되어 있는 경우가 많지요. 계절에 따라 옷만 잘 입어도 더위와 추위를 잘 이겨 낼 수 있습니다. 더운 지방에서는 건물을 지을 때에도 열을 많이 흡수하지 못하게 하려고 흰색 페인트로 칠하는 경우가 많습니다.

온실효과와 비닐하우스

태양의 복사에너지와 온실 효과를 효율적으로 이용한 것 중 하나가 바로 비닐하우스입니다. 비닐은 태양빛을 잘 통과시켜요. 하지만 태양빛과 지열, 그리고 난방 기구 등에 의해 데워진 공기는 비닐을 통과하여 밖으로 나오지 못합니다. 그래서 따뜻한 열을 비닐하우스 안에 잡아 놓을 수 있는 것이지요. 추운 겨울에도 따뜻한 봄·여름에 자라는 과일과 채소를 먹을 수 있는 것은 비닐하우스 덕분입니다.

비닐하우스 안에서 딸기가 자라고 있다. © JoiIto(Joi@flickr.com)

태양열 아파트

요즘은 대체에너지들이 많이 개발되면서 이런 대체에너지를 난방 등을 위한 연료로 사용하는 주택이 많이 지어지고 있습니다. 태양열 주택이 바로 예가 될 수 있습니다. 태양열 주택이란 집을 지을 때 태양열 집열판을 옥상이나 정원 등 넓은 장소에 설치하여 낮 동안 태양열을 모았다가 밤에 사용할 수 있게 만든 주택을 말해요. 최근에는 이런 방식의 에너지 이용이 아파트까지 확장되었습니다. 옥상이나 베란다 등에 태양열 집열판을 설치하여 태양열을 모으고, 이렇게 모은 태양열을 이용해 물을 데워 온수를 공급하고 난방을 하기도 합니다.

건물의 옥상에 설치되어 있는 태양열 집열판.
ⓒ WiNG@the Wikimedia Commons

낮에 내가 주는
에너지를 저장했다가
밤에 쓰는구나.

보온병의 원리

보온병의 금속 케이스 안에 거울 처리가 된 크기가 약간 작은 유리병이 하나 더 들어 있습니다. 그리고 두 유리병 사이는 진공으로 되어 있지요. 보통 열은 물질을 따라 이동하는 '전도' 현상이 일어나는데, 이것을 막기 위해 두 유리병 사이를 진공을 만든 것입니다. 또 이중 유리병 사이가 진공으로 되어 있으면 액체나 기체에 의해 생길 수 있는 대류 현상으로 열이 손실되는 것도 막을 수 있습니다.

만약 아무것도 없으면 복사에 의해 열이 이동할 수도 있습니다. 복사는 고체나 기체 같은 물질이 없어도 이동할 수 있으니까요. 그래서 복사에 의한 열손실을 막기 위해서 병에 은색으로 거울 처리가 되어 있는 것이지요. 거울 처리를 하게 되면 전자기파를 반사하게 되므로 복사열이 빠져나가지 못하고 반사되어 병 속에 계속 머물게 됩니다.

보온병의 원리

세상에서 가장 추운 곳

지구에서 가장 추운 곳은 어디일까요? 바로 남극과 북극을 꼽을 수 있습니다. 지구는 공 모양으로 생겼기 때문에 극지방은 다른 지역에 비해 비스듬히 열을 받아 더 추울 수밖에 없지요. 북극은 평균 기온이 영하 40℃ 정도이지만 남극 지방의 평균 기온은 영하 55℃ 정도까지 기록된다고 합니다. 그렇다면 지구에서 가장 추운 곳은 남극이겠지요.

남극이 북극보다 더 추운 이유는 지형적인 특성 때문이에요. 남극은 하나의 대륙으로 이루어져 있기 때문에 열을 쉽게 내보낼 수 있고 대부분 빙하로 뒤덮여 있어 태양빛을 대부분 반사시킵니다. 그렇기 때문에 가장 추울 수밖에 없습니다.

지구에서 가장 추운 곳은 남극 대륙이다. 한 크루즈선이 남극 대륙의 파라다이스만을 지나고 있다.

문제 1 온실효과 때문에 지구의 온도가 올라가고 있어 큰 문제라는 말을 들어 본 적이 있나요? 온실효과를 줄이기 위해 우리는 어떤 일을 해야 할까요?

문제 2 사진이나 영화에서 온 마을을 흰색으로 칠해 놓은 듯한 풍경을 본 적이 있나요? 더운 지방에서 그런 경우가 많아요. 이처럼 흰색으로 벽을 칠하는 이유는 무엇일까요?

래서 더운 지방에서는 건물의 온도를 조금이라도 줄여 보려고 외벽을 흰색으로 칠하는 경우가 많습니다.

3. 진공이란 물질이 전혀 존재하지 않는 공간을 말합니다. 그러나 실제로는 완전한 진공 상태를 만들 수 없고 물질이 거의 존재하지 않는 것을 진공이라고 말해요. 진공은 전도나 대류로 열을 이동시킬 물질이 없다는 것을 의미하기도 합니다. 그래서 보온병을 만들 때 열을 잘 잃지 않게 하려고 내부를 진공으로 만듭니다.

문제 3 보온병은 이중으로 된 병의 구조를 하고 있어요. 그리고 안쪽의 병과 바깥쪽의 병 사이 공간은 진공으로 만듭니다. 보온병 내부를 진공으로 만드는 이유는 무엇일까요?

정답

1. 대기 중에 이산화탄소나 수증기 농도가 짙어도 태양 복사에너지는 잘 뚫고 들어옵니다. 하지만 지구 복사에너지는 잘 뚫고 나가지 못해요. 그래서 대기 중에 수증기와 이산화탄소가 많으면 태양 복사에너지는 계속해서 지구로 들어오고 지구 복사에너지는 밖으로 잘 나가지 못해서 지구의 온도가 점점 올라가요. 이런 현상을 온실효과라고 합니다. 온실효과를 줄이기 위해서는 배기가스를 배출하는 자동차 운행을 줄이고 대중교통을 이용한다거나 친환경 대체에너지를 개발하는 등 노력이 필요합니다.

2. 우리 눈에는 여러 가지 색들이 보이지요? 그런데 눈에 보이는 모든 색들을 흡수하면 검은색, 반대로 반사하면 흰색으로 보인다는 것도 알고 있나요? 검은색은 빛을 흡수하고 흰색은 반사하는 성질이 있습니다. 그